小多（北京）文化传媒有限公司 编著

图书在版编目（C I P）数据

无边虚实视界 / 小多（北京）文化传媒有限公司编著 . -- 北京：新世界出版社，2022.2
（新世界少年文库 . 未来少年）
ISBN 978-7-5104-7371-5

Ⅰ . ①无… Ⅱ . ①小… Ⅲ . ①视觉 – 少年读物 Ⅳ . ① Q436-49

中国版本图书馆 CIP 数据核字 (2021) 第 236404 号

新世界少年文库 · 未来少年
无边虚实视界 WUBIAN XUSHI SHIJIE
小多（北京）文化传媒有限公司　编著

责任编辑：王峻峰
特约编辑：阮　健　刘　路
封面设计：贺玉婷　申永冬
版式设计：申永冬
责任印制：王宝根
出　　版：新世界出版社
网　　址：http://www.nwp.com.cn
社　　址：北京西城区百万庄大街 24 号（100037）
发 行 部：（010）6899 5968（电话）　（010）6899 0635（电话）
总 编 室：（010）6899 5424（电话）　（010）6832 6679（传真）
版 权 部：+8610 6899 6306（电话）　nwpcd@sina.com（电邮）
印　　刷：小森印刷（北京）有限公司
经　　销：新华书店
开　　本：710mm × 1000mm　1/16　尺寸：170mm × 240mm
字　　数：113 千字　　　　印张：6.25
版　　次：2022 年 2 月第 1 版　2022 年 2 月第 1 次印刷
书　　号：ISBN 978-7-5104-7371-5
定　　价：36.00 元

编委会

阅读优秀的科普著作
是愉快且有益的

目前，面向青少年读者的科普图书已经出版得很多了，走进书店，形形色色、印制精良的各类科普图书在形式上带给人们眼花缭乱的感觉。然而，其中有许多在传播的有效性，或者说在被读者接受的程度上并不尽如人意。造成此状况的原因有许多，如选题雷同、缺少新意、宣传推广不力，而最主要的原因在于图书内容：或是过于学术化，或是远离人们的日常生活，或是过于低估了青少年读者的接受能力而显得“幼稚”，或是仅以拼凑的方式“炒冷饭”而缺少原创性，如此等等。

在这样的局面下，这套“新世界少年文库・未来少年”系列丛书的问世，确实带给人耳目一新的感觉。

首先，从选题上看，这套丛书的内容既涉及一些当下的热点主题，也涉及科学前沿进展，还有与日常生活相关的内容。例如，深得青少年喜爱和追捧的恐龙，与科技发展前沿的研究密切相关的太空移民、智能生活、视觉与虚拟世界、纳米，立足于经典话题又结合前沿发展的飞行、对宇宙的认识，与人们的健康密切相关的食物安全，以及结合了多学科内容的运动（涉及生理学、力学和科技装备）、人类往何处去（涉及基因、衰老和人工智能）等主题。这种有点有面的组合性的选题，使得这套丛书可以满足青少年读者的多种兴趣要求。

其次，这套丛书对各不同主题在内容上的叙述形式十分丰富。不同于那些只专注于经典知识或前沿动向的科普读物，以及过于侧重科学技术与社会的关系的科普读物，这套丛书除了对具体知识进行生动介绍之外，还尽可能地引入了与主题相关的科学史的内容，其中有生动的科学家的故事，以及他们曲折探索的历程和对人们认识相关问题的贡献。当然，对科学发展前沿的介绍，以及对未来发展及可能性的展望，是此套丛书的重点内容。与此同时，书中也有对现实中存在的问题的分析，并纠正了一些广泛流传的错误观点，这些内容将对读者日常的行为产生积极影响，带来某些生活方式的改变。在丛书中的几册里，作者还穿插介绍了一些可以让青少年读者自己去动手做的小实验，这种方式可以令读者改变那种只是从理论到理论、从知识到知识的学习习惯，并加深他们对有关问题的理解，也影响到他们对于作为科学之基础的观察和实验的重要性的感受。尤其是，这套丛书既保持了科学的态度，又体现出了某种人文的立场，在必要的部分，也会谈及对科技在过去、当下和未来的应用中带来的或可能带来的负面作用的忧虑，这种对科学技术“双刃剑”效应的伦理思考的涉及，也正是当下许多科普作品所缺少的。

最后，这套丛书的语言非常生动。语言是与青少年读者的阅读感受关系最为密切的。这套丛书的内容在很大程度上是以青少年所喜闻乐见的风格进行讲述的，并结合大量生动的现实事例进行说明，拉近了作者与读者的距离，很有亲和力和可读性。

总之，我认为这套“新世界少年文库・未来少年”系列丛书是当下科普图书中的精品，相信会有众多青少年读者在愉悦的阅读中有所收获。

刘　兵

2021 年 9 月 10 日于清华大学荷清苑

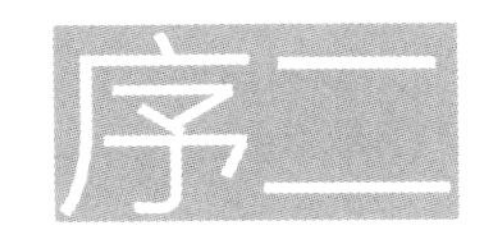

序二

在未来面前，永远像个少年

当这套“新世界少年文库·未来少年”丛书摆在面前的时候，我又想起许多许多年以前，在一座叫贵池的小城的新华书店里，看到《小灵通漫游未来》这本书时的情景。

那是绚丽的未来假叶永烈老师之手给我写的一封信，也是一个小县城的一年级小学生与未来的第一次碰撞。

彼时的未来早已被后来的一次次未来所覆盖，层层叠加，仿佛一座经历着各个朝代塑形的壮丽古城。如今我们站在这座古老城池的最高台，眺望即将到来的未来，我们的心情还会像年少时那么激动和兴奋吗？内中的百感交集，恐怕三言两语很难说清。但可以确知的是，由于当下科技发展的速度如此飞快，未来将更加难以预测。

科普正好在此时显示出它前所未有的价值。我们可能无法告诉孩子们一个明确的答案，但可以教给他们一种思维的方法；我们可能无法告诉孩子们一个确定的结果，但可以指给他们一些大致的方向……

百年未有之大变局就在眼前，而变幻莫测的科技是大变局中一个重要的推手。人类命运共同体的构建，是一项系统工程，人类知识共同体自然是其中的应有之义。

让人类知识共同体为中国孩子造福，让世界的科普工作者为中国孩子写作，这正是小多传媒的淳朴初心，也是其壮志雄心。从诞生的那一天起，这家独树一帜的科普出版机构就努力去做，而且已经由一本接一本的《少年时》做到了！每本一个主题，紧扣时代、直探前沿；作者来自多国，功底深厚、热爱科普；文章体裁多样，架构合理、干货满满；装帧配图精良，趣味盎然、美感丛生。

这套丛书，便是精选十个前沿科技主题，利用《少年时》所积累的海量素材，结合当前研究和发展状况，用心编撰而成的。既是什锦巧克力，又是鲜榨果汁，可谓丰富又新鲜，质量大有保证。

当初我在和小多传媒的团队讨论选题时，大家都希望能增加科普的宽度和厚度，将系列图书定位为倡导青少年融合性全科素养（含科学思维和人文素养）的大型启蒙丛书，带给读者人类知识领域最活跃的尖端科技发展和新锐人文思想，力求让青少年“阅读一本好书，熟悉一门新知，爱上一种职业，成就一个未来”。

未来的职业竞争几乎可以用“惨烈”来形容，很多工作岗位将被人工智能取代或淘汰。与其满腹焦虑、患得患失，不如保持定力、深植根基。如何才能在竞争中立于不败之地呢？还是必须在全科素养上面下功夫，既习科学之广博，又得人文之深雅——这才是真正的“博雅”、真正的“强基”。

刚刚过去的2021年，恰好是杨振宁99岁、李政道95岁华诞。这两位华裔科学大师同样都是酷爱阅读、文理兼修，科学思维和人文素养比翼齐飞。以李政道先生为例，他自幼酷爱读书，整天手不释卷，连上卫生间都带着书看，有时手纸没带，书却从未忘带。抗日战争时期，他辗转到大西南求学，一路上把衣服丢得精光，但书却一本未丢，反而越来越多。李政道先生晚年在各地演讲时，特别爱引用杜甫《曲江二首》中的名句：“细推物理须行乐，何用浮名绊此身。”因为它精准地描绘了科学家精神的唯美意境。

很多人小学之后就已经不再相信世上有神仙妖怪了，更多的人初中之后就对未来不再那么着迷了。如果说前者的变化是对现实了解的不断深入，那么后者的变化则是一种巨大的遗憾。只有那些在未来之谜面前，摆脱了功利心，以纯粹的好奇，尽情享受博雅之趣和细推之乐的人，才能攀登科学的高峰，看到别人难以领略的风景。他们永远能够保持少年心，任何时候都是他们的少年时。

莫幼群

2021年12月16日

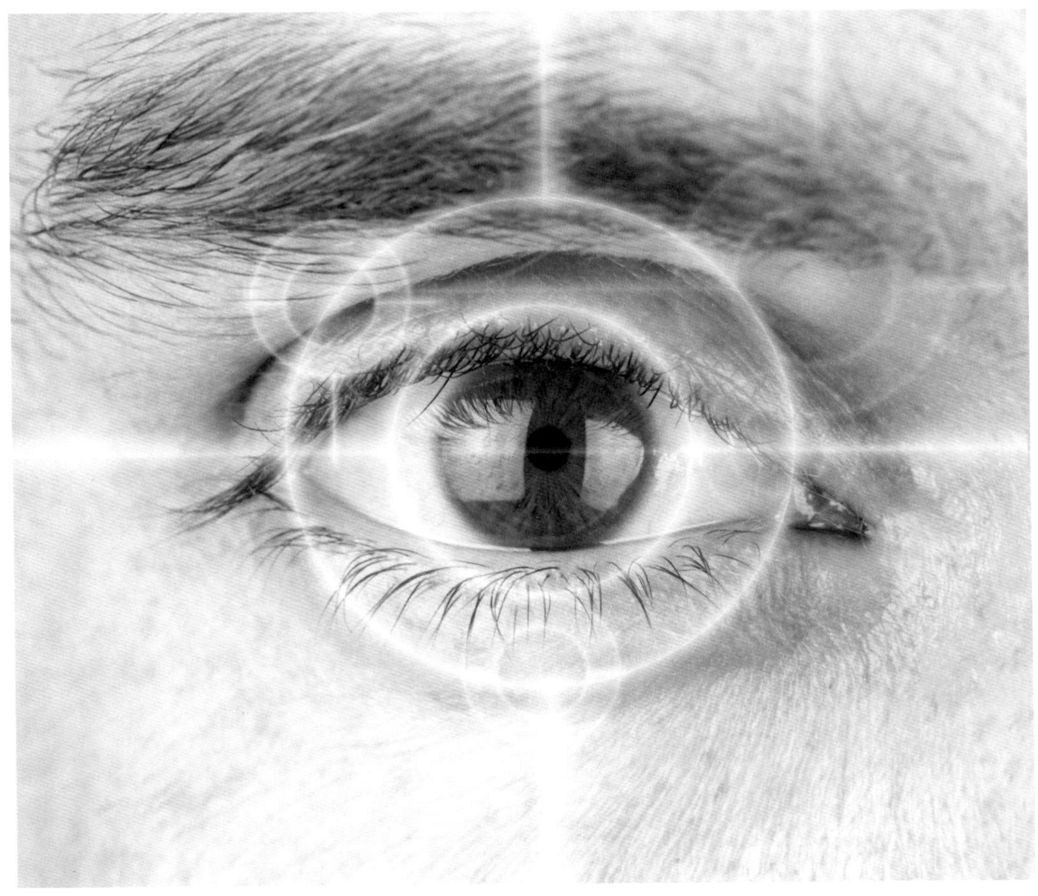

第 I 章
人类的视觉器官和视觉系统

第 II 章
人类努力提升自身视力

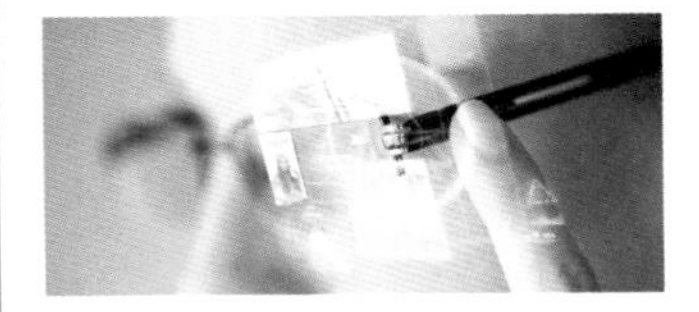

第 III 章
AR 和 VR，能否延伸人类的视觉？

2015 年 1 月 4 日，意大利博洛尼亚，一名女子戴着谷歌眼镜——由谷歌公司研制的头戴式电脑光学显示设备

本书图片来源：
Shutterstock；Vision Direct；Mcgill；Wikimedia；NIH；eSight 3；TransEnterix；Richard Wolf GmbH；Chindex Medical Limited；Lambda；FARO；ALIX；Art Graphique & Patrimoine；Vuzix。

第1章

[人类的视觉器官和视觉系统]

- 婴儿能看见什么？
- 视觉是怎样形成的？
- 视觉系统中大脑的运作

婴儿能看见什么？

很多人以为刚出生的婴儿几乎没有视觉能力。实际上，人类的视觉系统形成得非常早。当我们从母腹中来到这个世界，第一次睁开眼睛时，看到的世界是模糊一团，还是清清楚楚、色彩分明的？我们的视觉是否也在伴随成长而成长？

让我们一起回到最开始——第一次睁开眼睛的一刹那，我们看到了什么？

在母亲腹中

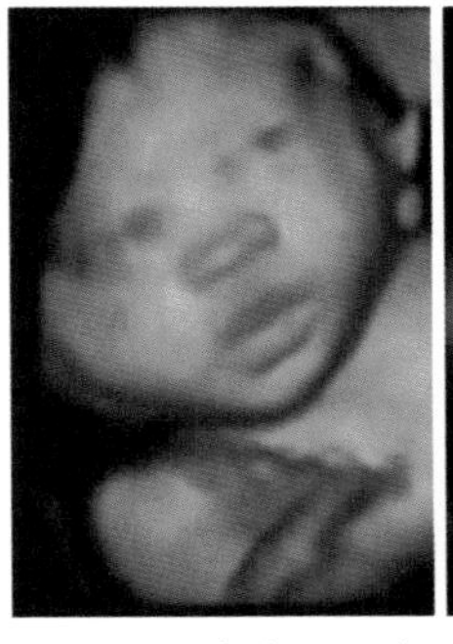
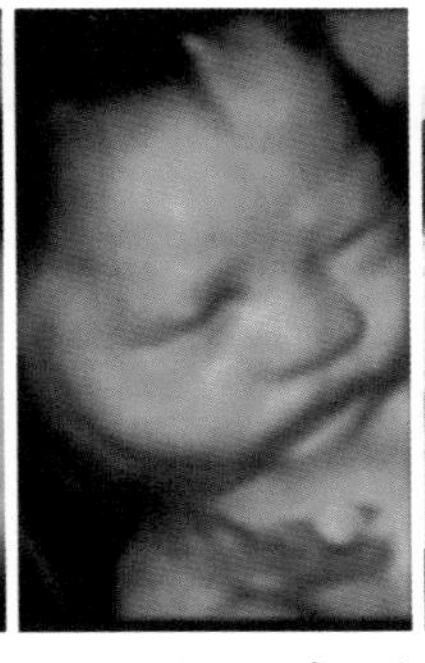
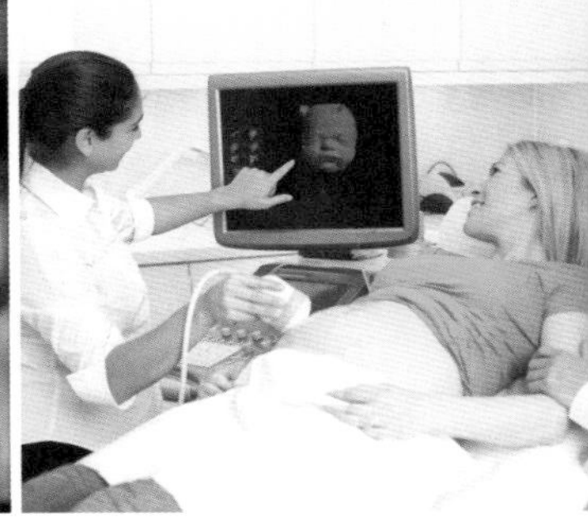

4D彩色超声诊断能够显示人体内脏器官的实时活动，包括胎儿的实时活动图像。图为通过4D彩超，看到胎儿在母亲的胎盘中睁眼睛的情景

当你还在母腹中成长时，眼睛也在形成。18天时的你，只有大约2毫米长，这时，超声波检查显示，已有两个很小的黑点出现在你的头部。随着时间的推移，这两个小黑点就像花瓣一样慢慢地扩展，并浮现在皮肤表面，这就是眼睛的最初阶段。这期间，虹膜和角膜逐步形成，两扇“百叶窗”也长出来了，这就是上下眼睑，它们对眼球起着保护作用。

在母亲怀孕5个月的时候，你的眼睛已经基本形成，但你的左右眼还不具备分别获取信息的能力，与大脑的连接还有待完善。你眼底的视网膜细胞很稀疏，无法捕捉光线。视网膜细胞被称作光感受器，分成两类：负责识别颜色的视锥细胞和负责夜视能力的视杆细胞。这时你既不能辨认物体形状，也不能识别颜色，那么可以看到什么？目前医学界还难以给予确切的答案。不过，当用强光照射母亲腹部的时候，或者当母亲晒太阳的时候，你可以通过皮肤、肌肉和羊水感受光线。科学家认为，这时候，你眼中的世界类似我们透过磨砂玻璃看到的外面。你恐怕很难看到自己的身体动作，因为母亲子宫内的光很弱。

刚出生时

你出生了，但世界在你眼前仍然是模糊一片。你的视觉能力仍然很弱，视力只有大约3.7（五分记录法，按小数记录法为0.05），很像患了高度近视。你的视野很窄，视角只有大约20°。左右眼仍不能协同工作，无法识别距离远近，看不出事物的起伏感（三维影像），需要借助强度超过自然光数十倍的光线才能勉强看到浑浊的影像，而且还是黑白的。这是因为此时你大脑中的视皮层还不够成熟，视觉器官也没有发育完备。视神经外的“油脂保护层”（也叫髓磷脂）还没完全形成，眼睛中的晶状体比较僵硬，这些造成了你看到的景象是模糊的。另外，你眼睛的视网膜细胞还不发达，视杆细胞具有一定密度，但是视锥细胞尚未发育，因此无法辨别颜色。不过，你已经有较好的辨别光线强度变化的能力了。2015年，瑞典医学专家研究发现，出生2~3天的新生儿可以看到距离约 30 厘米的父母的面庞，当距离超过 60 厘米，就只能感知到一个模糊的轮廓。

1~2 个月时

在出生 1~2 个月时，你的视网膜飞快成长：数千个视锥细胞长了出来，你能分辨出部分颜色了，比如红色和橘色、黄色和绿色；你看到的距离也从 30 厘米增加到 60 厘米；视角也扩大了很多，达到水平 60°、垂直 20°（成年人的视角为水平 220°、垂直 140°）。这个时候，你常会专注地盯着附近某个人看，目光跟着这个人的走动而移动。你已经能捕捉到一些信息了！

3~4 个月时

在出生 3~4 个月时，你的视力又有提高。你能辨别的颜色数量不断增加。到了 4 个月的时候，你的视力达到 4.0（0.1），已经可以看到 1 米之外的物体。最重要的是，你的双眼视觉形成了，左右两眼终于可以彼此协调，将两眼分别获得的影像信息重合，也就是说，你从这时开始可以通过视觉感受到距离和起伏，一个崭新的三维世界在你眼中出现了！你终于可以去抓附近的物品了。同时，你大脑中的神经元也有了巨大进步。2017 年，美国麻省理工学院的研究人员通过磁共振成像照片发现，4 个月的婴儿的大脑皮层已经出现不同区域的独立活动，表明大脑已经开始区分看到的人和他所处的环境背景。

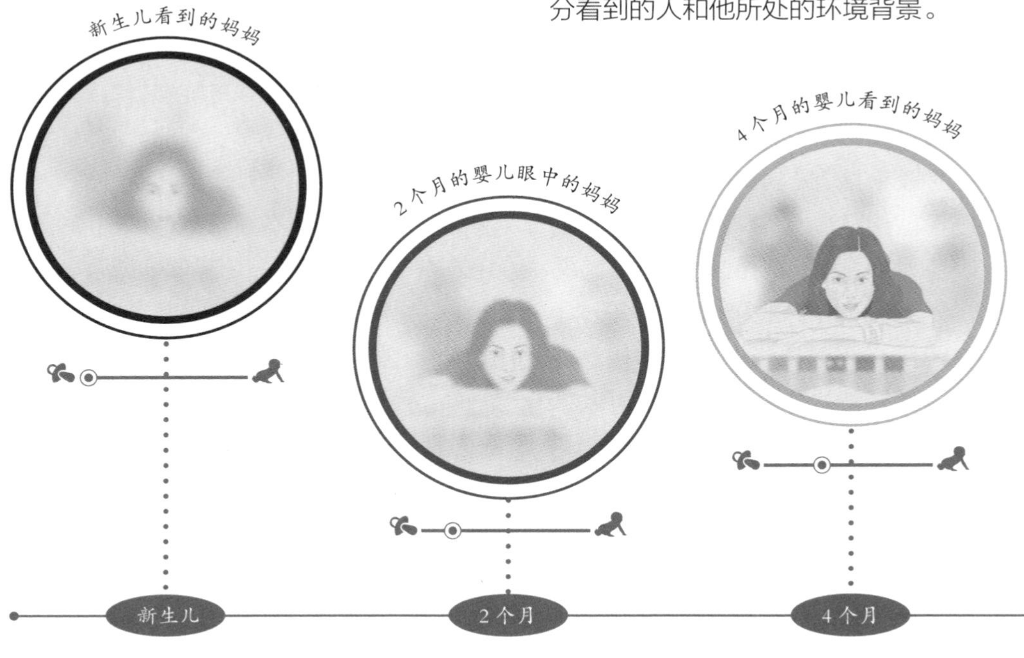

6~8 个月时

在出生 6~8 个月时，世界在你眼中又清楚和丰富了一些：视力达到 4.3（0.2）；可以区分颜色的深浅；对事物的三维起伏度的感受变强了；双眼视觉的配合进步了；可以比较准确地用手去抓拿附近的物品。

附近的人更清楚了，这可以帮助你更好地观察，于是你开始模仿大人的表情。

10~12 个月时

到了 10 个月，恭喜你，除了少量非常接近的色调，你辨别颜色的能力基本接近成人的水平；到了 12 个月，你的视力达到 4.8（0.6）左右，可以区分不同的人或者物品。不过，你的视觉系统并不算完全成熟。

一般情况下，人的视力在 2~4 岁达到 5.0（1.0）。视觉系统的绝大部分功能在 4 岁前后完备：眼球和视网膜基本成熟（每只眼睛的视锥细胞达到三四百万个，视杆细胞达到 1 亿个），对光线对比度感受增强，晶状体稳定，角膜折射能力形成，大脑视皮层成熟，等等。不过，视觉通道和视网膜处的神经元还处于继续成熟期（这里所说的继续成熟主要是指神经元之间的链接，正是这部分的成熟才让视觉信息可以精确地传输到大脑），这个成熟过程会持续到青少年期。

由于人的视觉系统的发展主要集中在 6 岁前，所以这个阶段你要特别注意保护视力，避免进行有损视力的活动。

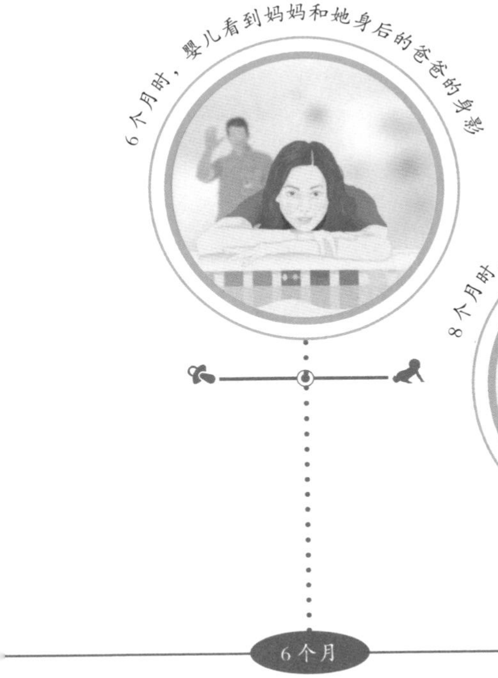

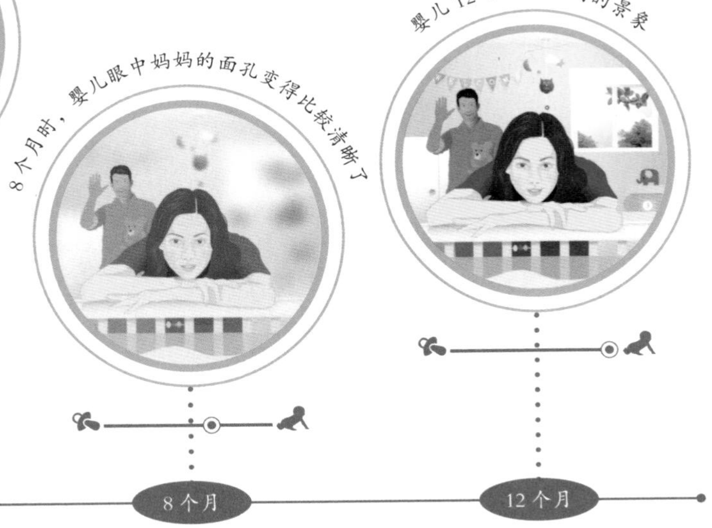

6 个月时，婴儿看到妈妈和她身后的爸爸的身影

8 个月时，婴儿眼中妈妈的面孔变得比较清晰了

婴儿 12 个月时看到的景象

6 个月

8 个月

12 个月

视觉是怎样形成的？

“

我们生活的世界之所以美好，是因为它色彩缤纷！客厅里那束粉红色和亮黄色混合的玫瑰花，妈妈穿的藏蓝色套衫，沙发的天蓝色罩布……在我们的日常生活中，这么多不同的颜色可以帮助我们识别周围环境，辨认不同物品，描述观察细节。

”

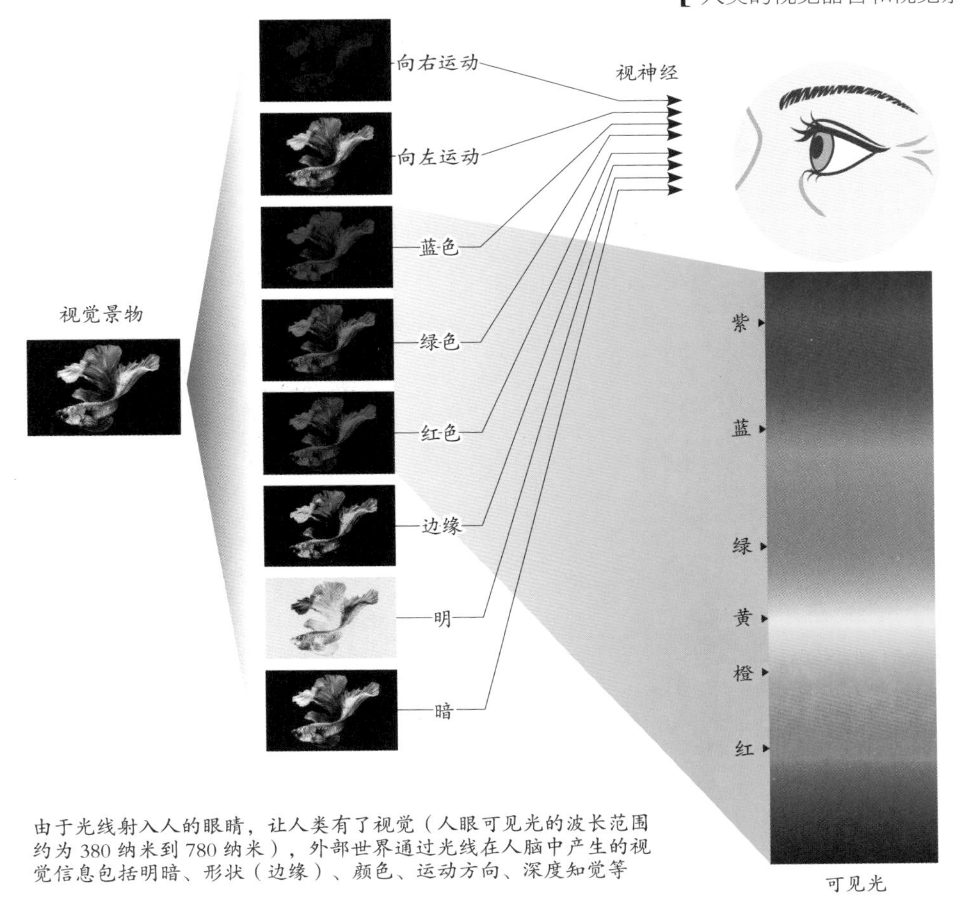

由于光线射入人的眼睛，让人类有了视觉（人眼可见光的波长范围约为 380 纳米到 780 纳米），外部世界通过光线在人脑中产生的视觉信息包括明暗、形状（边缘）、颜色、运动方向、深度知觉等

视觉能力当然不是人类特有的，绝大多数的动物都有视觉能力。动物的视觉系统的工作方式和人类有一定差别，即使是人与人相比，我们在同一时间、同一地点所看到的也不一定相同。

我们为何能看到身处的世界？我们看到了世界的什么方面？带着世界的这些特质的信息是通过一条什么样的路径到达我们大脑的深处，进入我们的认知中心的？

这得从光线射入眼睛的那一刻说起。

从光线射入眼睛开始

光线以波的形式传递，可以通过不同的波长来分辨，这就类似我们看到的海面上的层层波浪，浪尖之间的距离就是波长。可见光（可被人眼感知的光）的波长约在 380~780 纳米。一般的物体自身并不发光，当光线照射在物体上时，光线被反射，这样，我们就看到了该物体。该物体反射一定波长的光波，同时吸收该波长以外的光波。反射光波的波长决定了物体的颜色，比如，草反射绿光，所以草

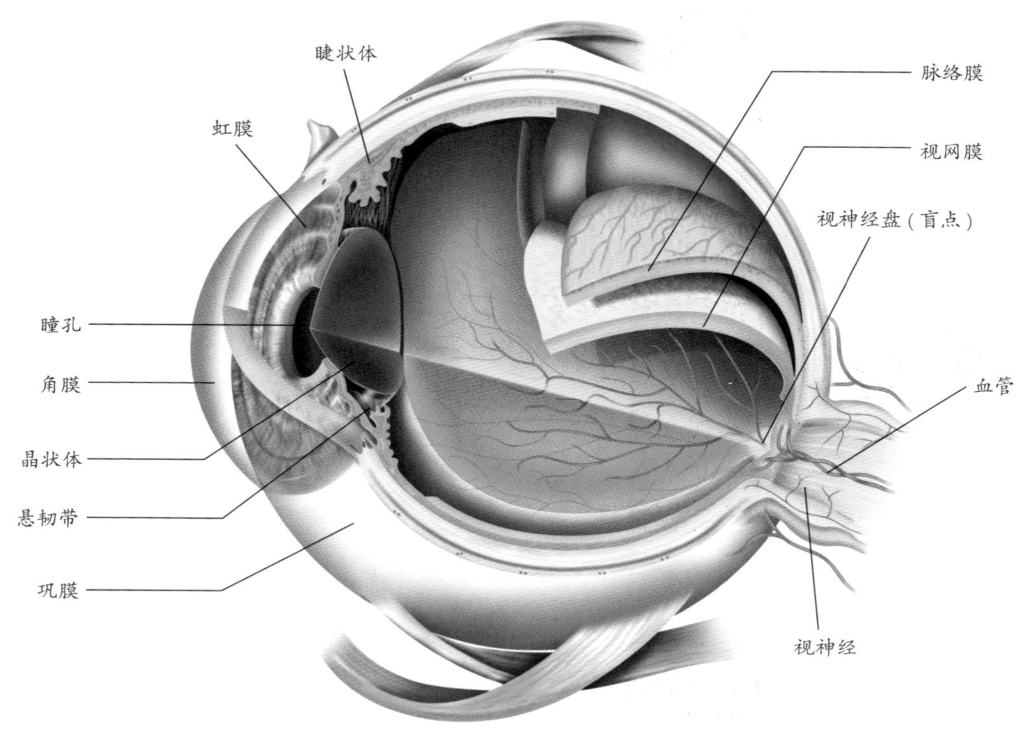

眼球包括眼球壁与内容物。其中内容物由房水、晶状体和玻璃体三部分组成。眼球壁又分为外膜、中膜和内膜。外膜包括角膜、巩膜，它们一起维持眼球外形，保护眼球内部；中膜包括虹膜、睫状体和脉络膜，它们调节光线，调节晶状体，形成暗室；内膜就是视网膜，接受光刺激，形成神经冲动，并向大脑传递视觉信息

看起来就是绿色的。

现在光线进入眼球了，它经过角膜，穿过瞳孔，再由晶状体折射会聚，投射到视网膜上。

瞳孔是一个能够扩大、缩小的圆孔，根据光照强度调节进入眼球的光线量。光线强烈的中午，瞳孔会缩小；漆黑的夜间，瞳孔会扩大。这就是生理学家所说的瞳孔对光的反应。如果我们想观察瞳孔对光的反应，有一个简单的办法：拿一面镜子观察眼睛，同时调节室内灯光的强弱，这样就能从镜子里看到自己瞳孔的变化。

角膜和晶状体的调节作用让我们可以看到清晰的图像。睫状体通过晶状体悬韧带与晶状体相连，以舒张和收缩来调节晶状体的曲度。假如物体距离很近，晶状体的形状变凸出；假如物体距离较远，晶状体则变得比较平。正是晶状体的这个功能让我们不仅可以清楚地看到近处的物体，也可以清晰地看到远处的物体。

角膜、瞳孔和晶状体的有效工作还需要得到眼肌和眼内玻璃体（填充于晶状体与视网膜之间的无色透明的胶状物）的辅助，光线才能够到达位于眼底的视网膜。

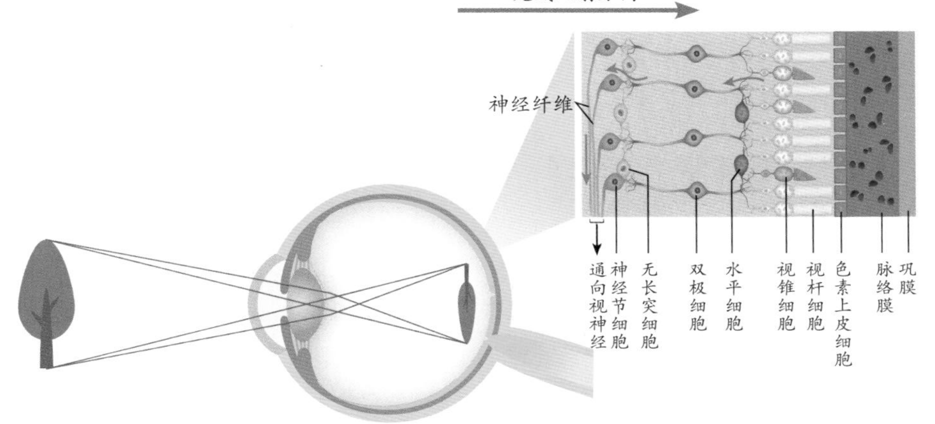

如果我们把眼睛比作一台照相机，那么角膜和晶状体是镜头，瞳孔是光圈，视网膜就是光敏单元。光线到达视网膜后，首先穿过神经节细胞、双极细胞，再引起感光细胞（视锥细胞和视杆细胞）的变化，然后它们通过一定的光化学反应影响双极细胞和神经节细胞，从而引起视神经纤维的冲动并传入视觉中枢

光线到达视网膜

健康成人的视网膜占眼球内部球面的大部分，视网膜中央附近有一个圆形染色区域，直径约 5.5 毫米，叫作黄斑，这是眼睛感光最灵敏的地方，也是我们视觉最清晰的地方。每当人注视某项物体时，眼球常会不自觉转动，让光线尽量聚焦在这里。黄斑附近有一个白色的小椭圆，视神经从这里延伸出眼球，这里没有感光细胞，所以被称为盲点。

视网膜的厚度不到 0.5 毫米，包含着三层神经细胞。在这里，发生着神奇的光电转换，光信号被转换成电信号。

光线到达视网膜后，首先穿过神经节细胞、双极细胞，最后到达位于最底层的感光细胞层，被那里的特殊细胞捕获。

在感光细胞层里，负责处理白天强烈光线的是视锥细胞（成年人每只眼睛大约有 600 万个以上），负责处理夜间弱光的是视杆细胞（成年人每只眼睛有大约 1.2 亿个）。视杆细胞对光子的敏感度比视锥细胞要强百倍！视锥细胞的主要特性则在于对颜色的分辨能力。人类的视锥细胞有三类：对波长在 437 纳米左右的蓝光敏感的，对波长在 533 纳米左右的绿光敏感的，以及对波长在 564 纳米左右的红光敏感的。根据到达视网膜上某个点的各种波长的光的强度不同，视锥细胞可以测得光线中的蓝光、绿光或红光的比例。有的人缺乏红色、蓝色或绿色的视锥细胞，导致不同的色盲。

当视锥细胞和视杆细胞接收到光线，它们就会向视网膜处的双极细胞发送电波，然后传送到神经节细胞，神经节细胞的延伸构成了长 40 毫米、横断面直径约 4 毫米的视神经，我们正是通过视神经这位“信差”将电波信息传入我们的大脑。

视觉信息在大脑中的旅行

从视觉信息离开视网膜到我们真正看到视觉图像，这中间还有一段重要的行程。

我们每只眼睛各有自己的视神经，二者在脑部的交会点叫作“视交叉”。视神经纤维在这里“会聚”后，来自双眼的左视野信息前往右侧大脑，而来自双眼的右视野信息前往左侧大脑。假如视交叉出现病变，我们的视觉就会出现异常，比如看到模糊的一片，或者感觉一侧有个黑块。

经过视交叉之后，来自双眼的电信号开始了穿越大脑的行程，它会途经丘脑中的外侧膝状体。外侧膝状体可分为 6 层细胞，好像千层饼一样，有大细胞层（M 层）和小细胞层（P 层）两类。在细胞层之间还有一些粒状细胞（夹层部分 K 层）。在这里，每一层都有分工，负责处理一部分工作（比如哪一只眼睛的哪种颜色信息）。

外侧膝状体处的神经元接到信息后，会发出新的电脉冲信号，经过一个个神经元，最终到达我们大脑后部的初级视皮层。

大脑演绎视觉信息

双眼传来的视觉信息抵达初级视皮层后，开始得到分析处理。初级视皮层是大脑视觉信号的中央处理器，所以一旦初级视皮层发生病变，我们就会失明。

视皮层通常有初级和次级之分，前者是大脑皮层的 V1 区，后者包括 V2、V3、V4 和 V5 区，也叫纹外区。

初级视皮层（也就是 V1 区）又可以被细分为 6 个细胞层，从皮层表面一直排列到白质区。美国著名的神经生理学家大卫·胡贝尔（David Hubel）在 1984 年发现，对颜色和形状敏感的细胞集中在第 2 层和第 3 层，它们接收的信息来自外侧膝状体里的小细胞层，而对运动敏感的细胞则集中在 4B 层，该层与外侧膝状体里的大细胞层对接。

看到这里，也许你已经发现了一个有趣的规律：视网膜、外侧膝状体、视皮层的细胞都是有序的分层排列，而且它们之间都有严格对应的连接。外侧膝状体实际上是一个多通道的视觉信息的中转站，外侧膝状体的 6 个层，接收不同的视网膜神经节细胞的输入，再将这些信息分别传送到对应的处理这些信息的皮层神经元。

当 V1 区的第 2~3 层向位于纹外区的 V2 和 V4 区传递视觉信号后，我们开始看到颜色和形状；当 V1 区

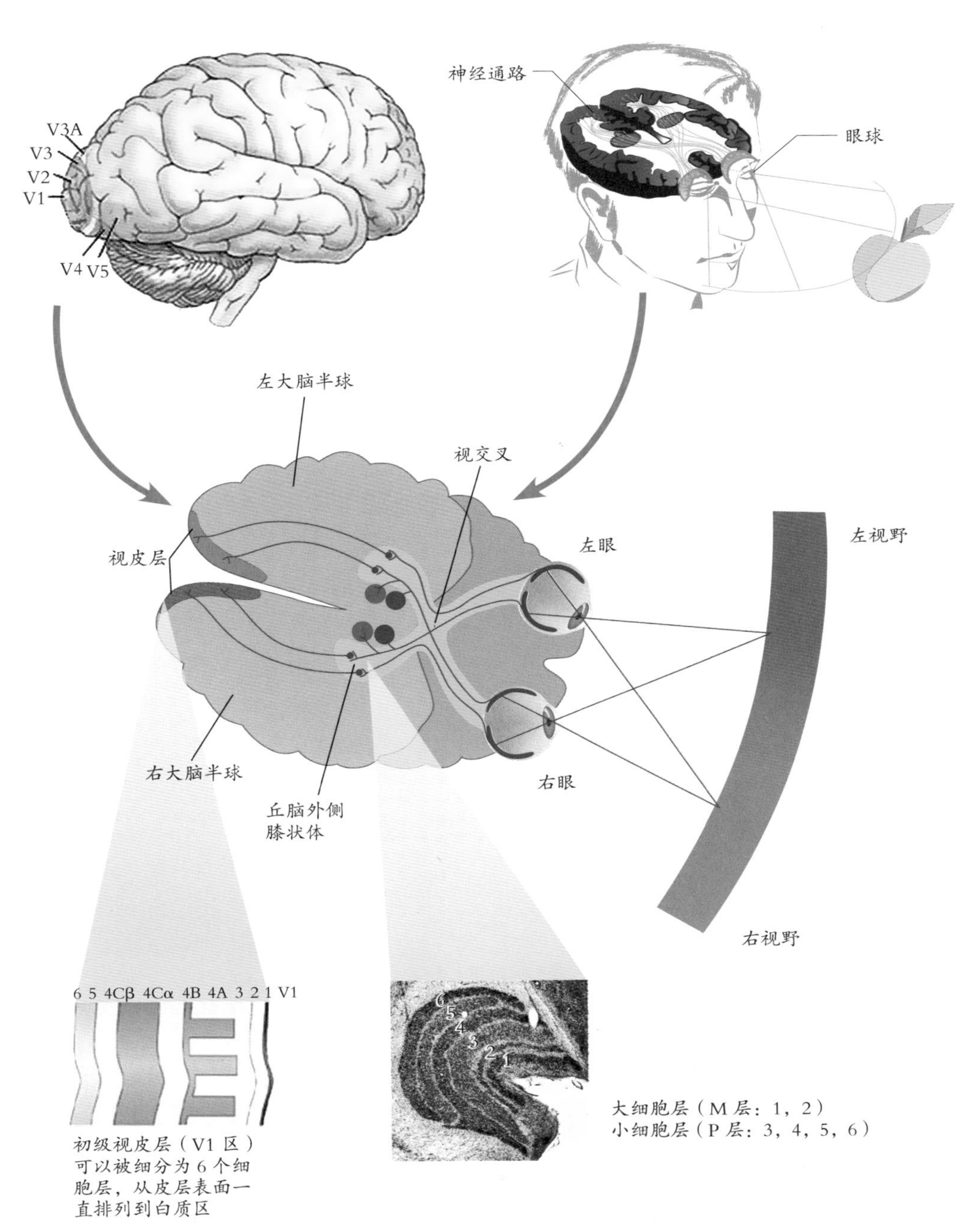

初级视皮层（V1 区）可以被细分为 6 个细胞层，从皮层表面一直排列到白质区

大细胞层（M 层：1，2）
小细胞层（P 层：3，4，5，6）

来自双眼的视觉信息经过视神经传递到大脑的视皮层。在视交叉处，来自双眼的左视野信息前往右侧大脑，而右视野信息前往左侧大脑；经过视交叉的视觉信息，通过由 6 层细胞组成的丘脑外侧膝状体，被分门别类地中转到初级视皮层的对应部位

的 4B 层向纹外区的 V3 和 V5 区传递视觉信号后，我们才看到动态（事物）。在这个时候，双眼获得的视觉信息被综合，这是立体视觉的起点，我们用双眼观看一个景观的时候所感受到的起伏和距离感就是从这里开始的。

初级视皮层和纹外区必须联合工作，才能使双眼获得的视觉信息在大脑中被正确地演绎。大家都知道视网膜上的成像是倒立的，但我们看到的景象是正的，而且带有不同的颜色，这正是初级视皮层和纹外区联合工作的成果。

人类视觉系统的特色

通过眼睛和大脑的协力合作，我们能够获取外部世界物体的明暗变化、颜色、边缘、立体感、运动速度与方向等信息。

人类的眼睛只能感受可见光，看不到红外线和紫外线，但是有些动物可以看到，比如蜜蜂，它的眼睛的视锥细胞对 350 纳米波长敏感，因此可以看到紫外线。

人类视觉系统与大多数其他动物的另一个差别是，人类的视皮层不仅可以接收、演绎来自眼睛的视觉信息，而且还要持续地和大脑中的其他区域沟通，尤其是负责语言、记忆和情感的几个脑区域。这也就是为什么我们看到一些景观、现象的时候会产生情感波动。

我们能够看到景观、物体和颜色，感受到起伏和距离，主要功劳在于我们的大脑。人类的大脑不仅功能众多，而且运转速度极快，2013 年，美国麻省理工学院的神经学专家通过测量发现：人类大脑处理信息的速度是在毫秒级别！

当我们观看单一色彩的景致（比如蓝色大海或绿色草坪）时，大脑也会“偷懒”，只把主色信息（蓝色或绿色）传递给我们，所以我们放眼看去的时候，一开始好像感受不到深浅差异。当我们看一个物品的时候，双眼得到的色彩信息其实并不完全一致，但是大脑在处理色彩信息的时候进行了整合，让我们感觉到双眼看到了一模一样的色彩。这些都是大脑的信息整合功能。

左视野
右视野
1
视神经
2
视交叉
3
4
5
6
视辐射
视皮层

视皮层对视觉信息进行加工、处理与整合后再形成视知觉，对于这个过程的认识到目前为止还比较初步，科学家还没能给出确切的答案。

读完本文，你应该对视觉通路有了一个完整的认识。如果你现在是一个眼科医生，你的诊所来了六位患者，他们的视觉通路上 1，2，3，4，5，6 所标的位置分别出了问题，眼睛的成像也相应出现了状况 A，B，C，D，E，F。你能将这 6 个位置和 6 种状况辨别成对，并把原因解释给他们听吗？（分析时请注意左、右视野和右、左视网膜的对应关系）。

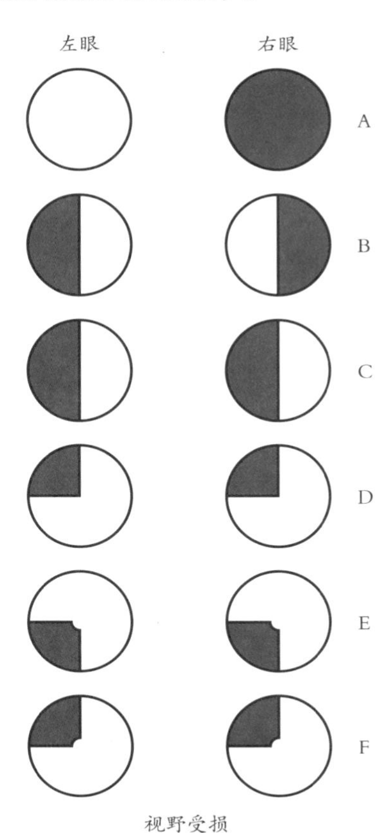

视野受损

（答案：1–A，2–B，3–C，4–D，5–E，6–F）

视觉系统中大脑的运作

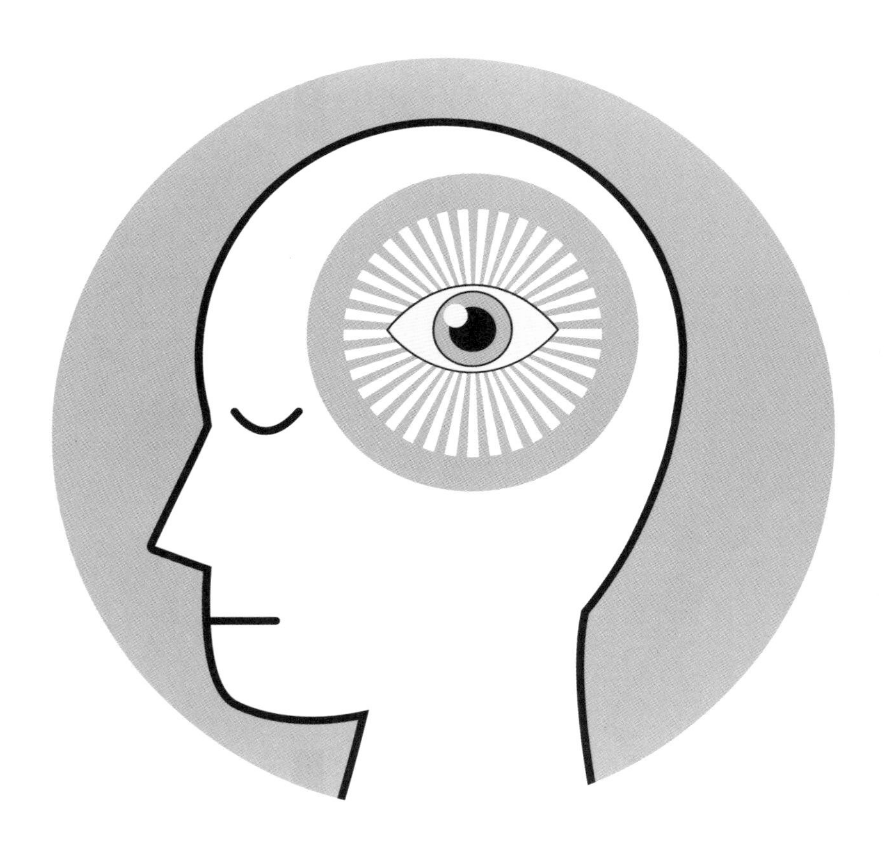

我们的大脑就好像在和我们玩捉迷藏：它时时刻刻在接收信息，但是却不一定和我们分享；它还会对接收到的信号予以解读，好像它比我们更知道该看什么，该做什么。读到这里，你也许会感到吃惊，不过，这并不是玩笑。

大脑看到的比我们意识到的更多

2013年，美国亚利桑那大学（University of Arizona）的神经学专家和心理学专家做了这样一个实验：让一批志愿者佩戴上测脑电图的头盔和电机片，然后在他们眼前快速展示一系列图片（物体、动物、抽象画等），同时测量他们的脑电波。由于图片展示速度很快，志愿者本人表示根本没有意识到图片的内容，但是脑电波测量结果显示，当图片上的内容是志愿者认识的东西时，脑电波明显增强。

如何解释这个现象？科学家认为：我们的大脑接收到了图片上的信息，并且做了解读（脑电波因此发生变化），但是大脑同时又拒绝了解读结果，我们本人意识不到视觉系统看到的信息。换句话讲，大脑对视觉系统获得的信息进行的很多分析是我们本人意识不到的。

尽管这样的实验还需要得到进一步的确认，但科学家已经确定的是，大脑在分析视觉系统传递给它的信息时不是万无一失的，但视觉系统还是要依靠大脑。我们的眼睛看一个物体的时候，通过晶状体投射在视网膜上的成像是没有起伏的，或者说是没有立体感的、倒立的图像，正是大脑的功能让我们能够看到彩色的、立体的、正立的图像，并且感受到美丽景观带来的情感体会，将看到的画面和感受到的情感存储到我们的记忆之中。

大脑也会出差错

不过大脑有的时候会遇到困难，无法将眼睛看到的真实世界正确地报告给我们，比如大脑对外围视力修正的过程有可能出错。大家也许知道，我们眼睛的外围视力是很有限的，特别是当外围景观固定不动的时候，大脑通过信息分析后补充了周边原本缺乏的信息，令我们感觉“看到”了两侧的景观。

将双臂向身体两侧伸直形成一条直线，大拇指朝上，双眼直视前方，这时你的眼睛看不到位于两侧的大拇指；然后开始转动大拇指，你会隐约感觉“看到”大拇指在动

我们可以做一个小实验：将双臂向身体两侧伸直形成一条直线，大拇指朝上，双眼直视前方，这个时候你就会肯定地知道你的眼睛是看不到（位于两侧的）大拇指的；但是如果你转动大拇指，你会隐约感觉“看到”大拇指在动。事实上，这是大脑综合分析后补充了关于“大拇指在动”的信息，通过视觉让我们“看到”了。

大脑如何解读信息？

我们双眼的瞳孔之间有大约6厘米的距离，两只眼睛所看到的并不是完全一样的景象，其差异和立体感有关。实际上，每只眼睛看到一幅平面的景象，之后大脑将两幅平面景象合并形成带有立体感的景象。当我们看到一幅画面的时候，眼睛捕获到的视觉信息（颜色、形状等），通过视网膜转化成视觉神经冲动，抵达大脑里的视觉区（视皮层）。大脑就好像在参加一场智力竞赛一样，不断地对接收到的信息进行解读，最终达到对视觉信息的清晰解读，让我们不仅看到一个景象或物体，而且知道这个景象或物体在空间所处的位置。

双眼所看到的两幅画面是在哪个阶段汇合的呢？19世纪的德国生理学家赫尔曼·冯·亥姆霍兹（Hermann von Helmholtz）对这个问题非常着迷。他想知道大脑是怎样把双眼“捕获”到的图像进行合并的，是在分析两个图像轮廓的同时进行合并，还是先分别分析两个图像然后再进行合并？他得出的结论是，双眼首先分别“探测”到物品的轮廓，然后大脑才进行分析比较和合并。亥姆霍兹认为这个程序可以帮助大脑避免（或减少）匹配错误。

100年后的匈牙利神经学专家

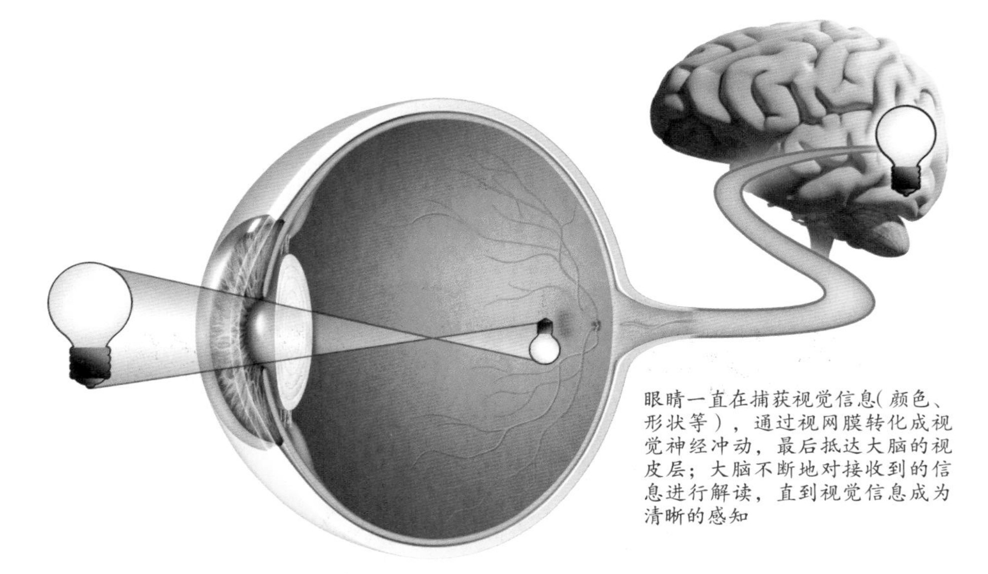

眼睛一直在捕获视觉信息（颜色、形状等），通过视网膜转化成视觉神经冲动，最后抵达大脑的视皮层；大脑不断地对接收到的信息进行解读，直到视觉信息成为清晰的感知

贝拉·菊莱斯（Béla Julesz）对此提出质疑。菊莱斯也做了类似的测试。他使用的图不是线条，而是计算机制作出的很多随机分布的点（既不构成特别的形状，也没有明显的边界）。测试结果表明亥姆霍兹的推断是错误的。大脑对形状轮廓的识别发生在对双眼传来的视觉信息进行比较分析之后。

生活中的视觉错觉

大脑也有出现演绎错误的时候，很多人喜欢的视觉错觉图游戏就是这个道理。大脑有时候会“抄近道”。视觉错觉图的设计基础是利用大脑经常走的那些“近道”，引诱大脑出现演绎错误。

以19世纪著名的生理学家艾瓦德·赫宁（Ewald Hering）发明的视觉错觉图（Hering Illusion）为例进行说明。图中前部有两条红色的完全平行的直线，但是和后面的放射状图案配到一起后，视觉错觉让我们感觉到这两条线好像是向外凸的。

赫宁认为，大脑对交点处的角度进行过高估计，从而产生红色线条外凸的效果。有的学者认为，这个图带来的错觉和视觉系统必须应对的时间延迟有关。背景的放射性图案产生向中心点靠近的动感，诱导视觉系统认为它在向前移动，或者是我们作为观看者在向画面靠近。实际上我们并

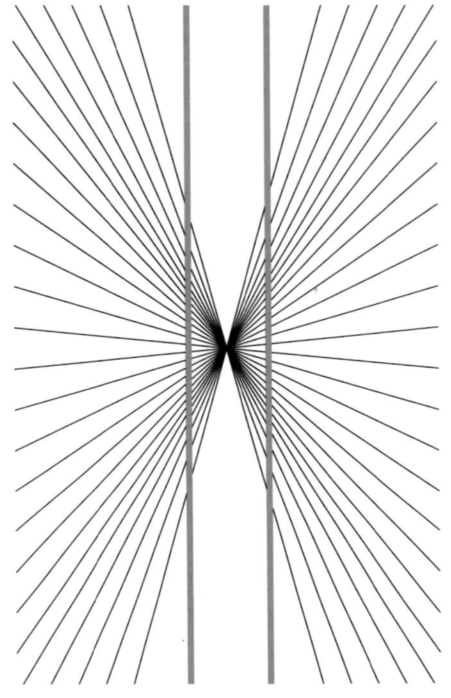
艾瓦德·赫宁发明的视觉错觉图

没有移动位置，图画本身也是静止不动的，所以大脑就误以为直线是弯曲的，以便符合放射性图案带来的移动效果。

无论哪种解释，我们发现大脑会在接收到部分视觉信息后通过假设来予以补充，这个时候就有可能出现视觉错觉。视觉信息从眼睛到大脑的过程大约需要1/10秒，也就是说，图像不是即时产生的，所以大脑才需要推测补充视觉信息。

绝大多数的视觉错觉图都是利用类似的技巧，让我们看到不存在的动态效果，很多情况下，即使我们明白其中的原因，也还是会不自觉地产生错觉。

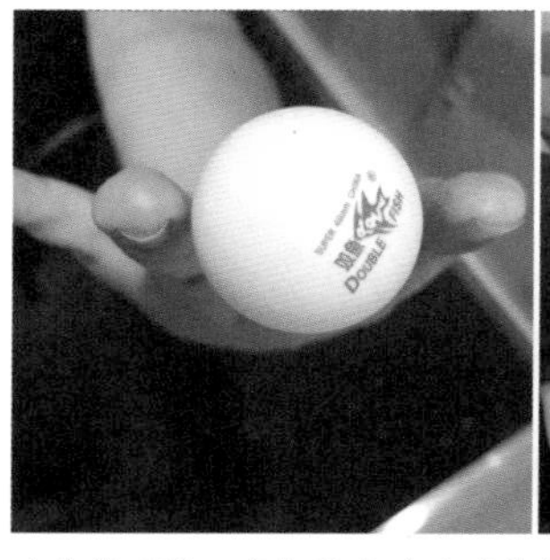

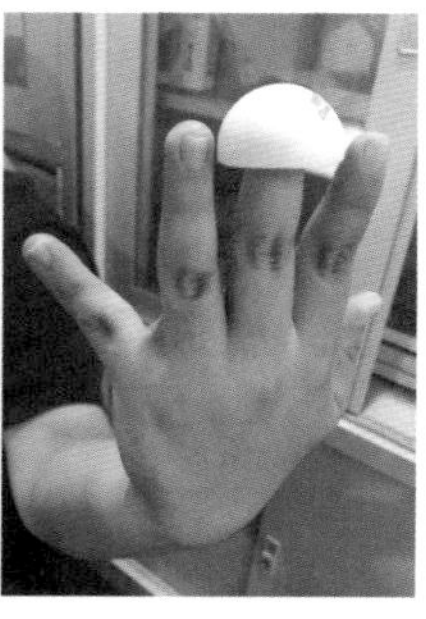

从上往下看，我们认为乒乓球是完整的，所以推断出中指被截断（左图），而实际上，这个乒乓球只有一半大小，中指完好无损（右图）。这是魔术的惯用伎俩

如果我们用半个乒乓球盖住中指上端，然后从上向下看，虽然我们理智上知道中指上部是被那半个乒乓球遮住了，但还是会不自觉地产生中指被截断的错觉。

除了“视觉错觉图”这种有趣的游戏，魔术也是大量运用视觉错觉的娱乐方式。我们都看过魔术师把一个人切割成两段后，那个人的头和脚还在同时动作，或者让一只活蹦乱跳的兔子消失在他的帽子里……传统魔术表演的设计原理其实很简单：我们的视觉系统如果高度集中在一个地方、一个物品、一个动作，就会忽略其他地方、其他物品、其他动作。魔术师和他的助理往往做些夸张的表演，或者通过灯光和画面来吸引观众的注意力，让我们看不到他悄悄地做了物品更换，或者采取了其他的动作。

视觉错觉在实际生活中也经常出现。在棒球比赛中，守方球员投掷球后，球是在转动的状态下飞向攻方的，球本身的转动使得它的飞行轨迹不是直线而是弧线，而且球和空气摩擦会产生一个围绕着球的小气流旋涡，这也给飞行轨迹造成一定变化。从攻方击球手的角度看，当他盯住飞来的球时，会感觉到球在飞行过程中突然改变了方向。

为什么会出现这样的错觉呢？这是因为我们观看外界的时候，精确度

从攻方击球手的角度看，当他盯住飞来的球时，会感觉到球在飞行过程中突然改变了方向，攻方击球手需要经过训练才不会被这个视觉错觉迷惑

很高的中心视力和不那么精确的周边视力不断地交替。攻方击球手盯着飞行过程中的球，他的视觉是从中心视力转变成周边视力，他就会感觉到球好像突然跳跃了一下，改变了方向。一个有经验的攻方击球手只要集中精力就不会被这个视觉错觉迷惑；但一个初次打棒球的人，也许就会不知所措了。

同样的场景，不同的认知

我们的大脑可以感知即将发生的事件！这听起来有些不可思议，但是华盛顿大学（University of Washington）的专家在2011年证实了大脑的“短期预测”功能，比如大脑能感知公共汽车即将进站，有人马上要敲门等。他们认为大脑里有两个区域（纹状体和黑质）在突发某个事件的时候会突然加速分泌多巴胺。大脑的这种预测会出现在事件发生的几秒钟之前，而且在多数情况下，这些预测还是正确的。当然，这只限于日常的事情，而不是突发性的事件。专家认为这些预测的基础是潜意识和主观经验。

另外，两个人同时看一个场景，他们看到的是不一样的。因为每个人观看外界的方式并不相同；性别不同，观看外界的方式也有所不同。2016年，伦敦大学学院（University College of London）的脑神经研究人员发现男性和女性在观察一个陌生人的面孔时有明显差异：男性会重点看对方的眼睛并在眼部稍作停留；女性则是从看对方的眼睛开始，之后立即将目光转移到对方的鼻部和嘴部。男性和女性在观察陌生人时的这个差异与对方的性别没有明显关系。

还有，我们对颜色的感受描述也并不客观。比如面对一个蓝色的物体，有的人说看到纯蓝，有的人说看到青蓝。这些观察者的眼睛结构一样，也有同样数量的视杆细胞和视锥细胞，没有病变，为什么他们所陈述的蓝色略有不同呢？科学家认为这里有一个文化背景因素的影响，在不同的语言文化背景下，或者在不同时代的同一国度，人们对同一色彩的描述方式会有差异。生活在纳米比亚的辛巴族人的语言中把纯红色、纯蓝色和纯绿色都归为“深色”，浅蓝色和浅绿色被他们认为是“浅色”。在辛巴族人的语言中，单独描述不同程度的浅色有很多不同的词汇，但是他们在描述浅蓝色和浅绿色的差异时却有困难，因为他们的词汇中用来描述浅蓝色和浅绿色的往往是同一个。目前神经学专家还不了解大脑语言中枢如何对视觉系统的颜色辨别产生影响，为了能够客观地比较不同文化背景下的人对同一颜色的感受，必须得克服主观意识，去捕捉潜意识面对一个色彩的反应，不过做这样的测试分析目前还没有可靠的办法。

第 II 章

[人类努力提升自身视力]

- 近视与矫正
- 盲人的智能眼镜
- 神奇的透视眼
- 奇妙的内窥镜
- 深入微观世界

近视与矫正

近些年来，世界各地的近视患者（尤其是青少年）数量快速增加，引起医学界普遍关注。有些医学专家甚至提出“近视流行疫情”这样的概念！2016 年，澳大利亚新南威尔士大学（University of New South Wales）的研究人员分析估算：按照目前近视发展的速度，在 2050 年的时候全球近视人数会达到 60 亿，也就是说地球上一半的人口都受到近视的困扰，其中大约 9.38 亿属于高度近视。

眼睛结构和视力形成

人类的眼球接近圆形，前后直径大约 23 毫米，被称为眼轴长度。它是衡量眼球大小的标准。眼轴是从角膜中心凸点到视网膜中央窝点这条中轴线。它的起点（角膜）是眼睛接收光线的第一层，经过晶状体和玻璃体，最后到达的视网膜是眼球感受光线的最后一层。

当光线抵达我们的眼睛时，首先要穿过角膜层和虹膜层。位于虹膜中央的瞳孔类似照相机光圈，可以调节进光量。眼肌和眼球中部的透明体（包括晶状体、玻璃体和房水）起到将光线传递到视网膜的作用。在这一过程中，光线先后经过几次折射。假如观测物体距离眼睛比较近，人眼会调节环绕眼球的睫状肌，使其紧张而往内收缩，让晶状体悬韧带略微放松，晶状体会变凸起，产生聚光作用。相反，假如观测物体距离眼睛比较远，晶状体就会趋于扁平。这就是我们能够看清楚一个物品的原因。

眼睛的正常调节功能让我们可以看清楚一定距离之内的物品。10 厘米左右是我们能看清的最近距离，就是眼科医生所说的视力近点；而我们能看清的最远点叫作视力远点。这两个点随着年龄的变化会有所不同。

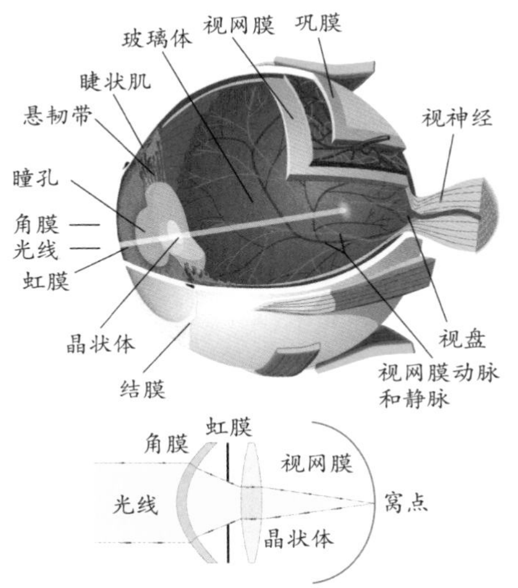

光线穿过角膜、虹膜；瞳孔调节进光量；晶状体、玻璃体和房水将光线传递到视网膜

眼球变形

我们看正常距离的物体时，成像落在视网膜上。当物体距眼睛很近时，它在眼中所成的像将移到视网膜后面，此时我们看到的东西是模糊的。为了看清楚物体，眼睛收缩睫状肌，让晶状体变得更凸，从而形成更强的折射，让物体的像回到视网膜上。如果长期用眼看近物，睫状肌将痉挛，暂时失去放松的能力，从而形成假性

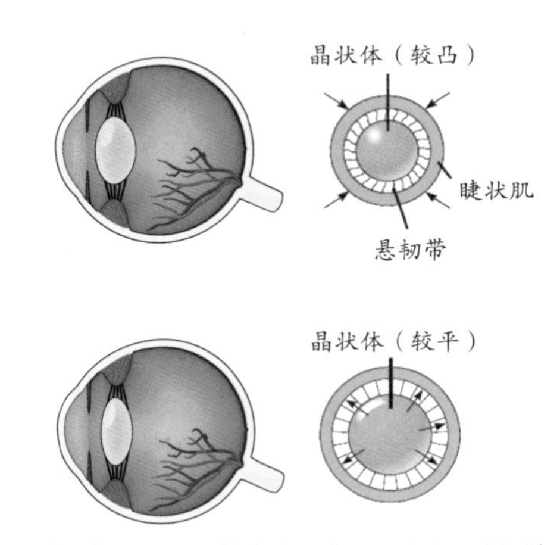

当人们注视近处物体时，睫状肌收缩，悬韧带松弛，晶状体变凸，因此屈光力加大，使近处物体落在视网膜上。反之，看远处物体时，睫状肌放松，悬韧带紧张，晶状体变平，屈光力减弱，使远处物体落在视网膜上

近视。时间久了，睫状肌的痉挛将会刺激眼轴拉长（器质性变化），从而形成无法逆转的真性近视（后文所提及的近视均指真性近视）。

近视眼的眼球出现变形，呈椭圆形，眼轴长度增大，也就是眼球变大。因此，正常情况下本应当是在视网膜上的成像，对近视眼来说像落在视网膜之前，造成看远处的图像感觉模糊，但是看近处的图像并不受影响。如果你看电影的时候需要眯眼才能看清字幕，或者开车的时候需要眯眼才能看清路边的指示牌，那你显然是有近视眼的问题了。有些近视患者还会出现头疼、眼部酸痛或者泪多的症状。

说到近视眼人数剧增现象，亚洲是个重灾区。近期统计显示，在中国的一些大城市里 15~20 岁的人群中近视患者高达 80%，而欧洲 25~29 岁人群中近视比例是 47%。除了近视人群的增加，近视加重的速度也很惊人。近视患者平均每年屈光度会降低 1D（近视眼的屈光度以负数表示，如从 -2D 降至 -3D），也就是眼镜需要增加 100 度。屈光度是通常用来体现视力问题程度的参量，它和我们可以清晰地看到的距离成反比。通常，6~18 岁是视力变化较快的时期，假如一个孩子在 6 岁的时候就开始近视而不做矫正，那么他到 18 岁的时候有可能会达到 1200 度的严重近视，几乎看不清任何东西了。

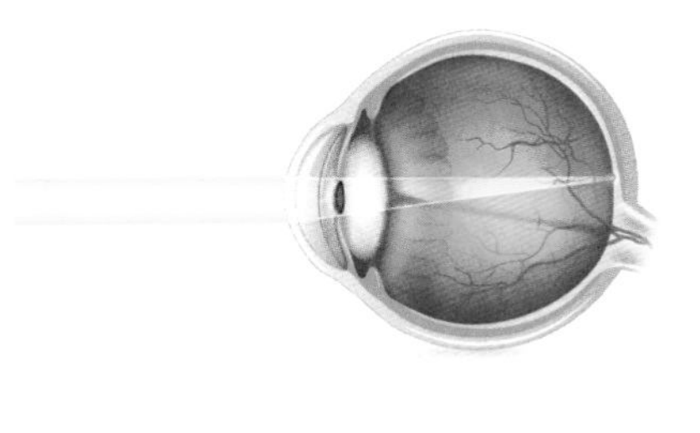

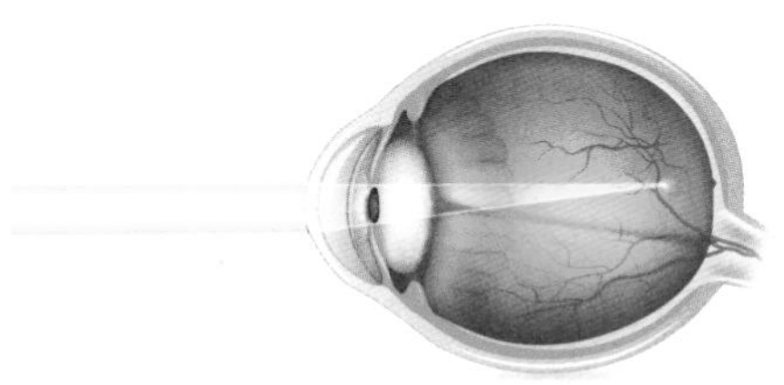

因眼轴长度增加而形成真性近视

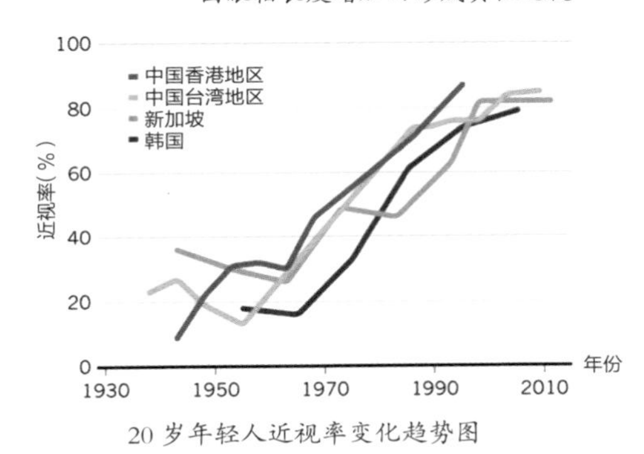

20 岁年轻人近视率变化趋势图

自然光的重要性

近视眼的形成有两个重要因素：遗传因素和生活习惯。假如父母有近视的问题，孩子出现近视的可能性会增高。有统计显示父母一方有近视的话，孩子出现近视的可能性是其他孩子的 2 倍；父母双方都近视的话，孩子出现近视的可能性是其他孩子的 3 倍。但是遗传因素不是唯一的风险，生活习惯也对近视的形成有很大影响。随着城市化的发展，每天上学、上班等，人们的日常生活离大自然越来越远，大部分时间都在室内，而且看各种屏幕（电脑、手机、平板电脑）的时间越来越长，这些都是造成近视的因素。2012年，英国剑桥大学的几位研究人员分析了大量的数据后发表论文指出：小孩子每天在室外自然光线环境里每多待一个小时可以将出现近视的可能性降低2%。

为什么缺乏自然光线会造成近视呢？2015年，来自中国和加拿大的科学家们做了这样一个实验：给刚出生的猕猴戴上特殊眼镜（目的是模仿人类婴儿的视力），把它们分组放在自然光线环境和人工光线环境下，当这些猕猴进入少年期后对它们进行视力测量，结果显示在自然光线环境里的猕猴没有出现近视，而在人工光线环境里的猕猴却出现了近视现象。这个实验证明了在视觉系统逐步成熟过程中，自然光可以帮助视网膜正常发育。缺乏自然光就会引发眼球变形，造成近视。

为了解释这一现象，科学家做了如下解释：视网膜处可以捕获光线的感光细胞如果接收不到自然光的刺激，产生的多巴胺量就很小，造成了眼球变形。不过，科学家目前还不完全了解这其中的具体过程，所以这个解释现在还只是一种假说，有待证明。

世界上近视程度最高的人

米思克维奇（Miskovic）

斯洛伐克摄影家米思克维奇是一位极高度近视患者。他长期受近视的困扰，视力-108D（需要10800度的眼镜），是世界上近视程度最高的人。2014年年底，依视路公司为他特制了一副眼镜，终于让他可以重新看到我们美丽的世界，并重新开始摄影师的工作。

智能手机的危害！

早在智能手机出现前，阅读距离过近的问题就已经存在，会造成眼部劳累。自从智能手机普及后，长时间近距离用眼成为一个很严重的问题。法国眼镜制造公司依视路（Essilor International）曾经做过一个调查，结果显示：人们看书报的平均距离为40厘米，看手机的平均距离是33厘米。可不要小看这7厘米的差异，这对眼部劳累有明显影响。而且看手机屏幕的时候由于有反光等现象，人们会将头部倾斜，这会带来视角倾斜（看手机时平均值在25°左右，看报纸书刊在18°左右），这也是造成眼部劳累的因素。除了造成眼部劳累，这样的姿势对背部也造成较坏的影响。

如何避免眼部过于劳累呢？专家建议每20分钟就停下来，望望远处；

看电脑的时候也要尽量控制在 50 厘米以上距离，而且屏幕要和眼睛处于同样的高度，避免头部倾斜。

佩戴眼镜

得了近视怎么办？传统的办法是佩戴眼镜或隐形眼镜，尤其是儿童或者近视出现初期，佩戴眼镜可以延缓近视的发展。前面我们提到近视眼的眼球变形，造成聚焦成像不在视网膜上，而是在视网膜之前。近视矫正眼镜的作用就是帮助你把成像拉到视网膜处。

除了佩戴传统形式的眼镜，近年来发展较快的还有角膜塑形术，也就是通过佩戴一种特殊的隐形镜片（也称 OK 镜）来改善视力。它和普通的隐形眼镜不同的是，患者只在夜间佩戴。角膜塑形术使用的隐形镜片是根据每个人的眼睛定做的硬性镜片。它的作用不是矫正光线射入眼底的途径，而是矫正眼球的曲率，达到重塑角膜的作用。角膜是眼球前面透明的部分，是为我们的眼睛提供屈光力的主要部分。它有形状记忆功能，近视患者夜间佩戴角膜塑形镜片后，角膜会保持塑形镜片的那个最佳曲率。早上摘除该镜片后，近视患者可以恢复良好的视力水平。不过，角膜的形状记忆功能有时间限制，大约 24 小时后角膜会回到原来的非正常曲率，所以角膜塑形镜片需要在夜间重复佩戴。

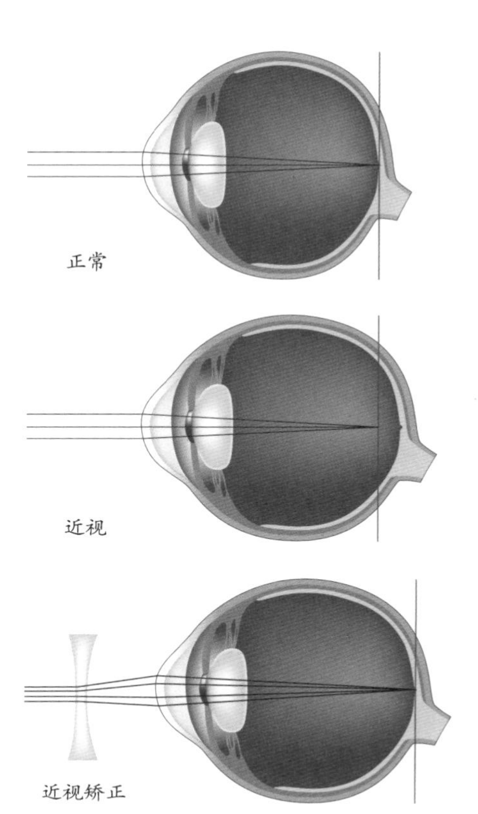

近视眼是因为眼轴变长，使得光线会聚在视网膜的前方，近视眼镜（凹透镜）能使光线发散，经过晶状体后刚好会聚在视网膜上

这种技术不仅对近视有效，对矫正散光和远视（花眼）也有效。80% 的近视患者也同时有散光问题。

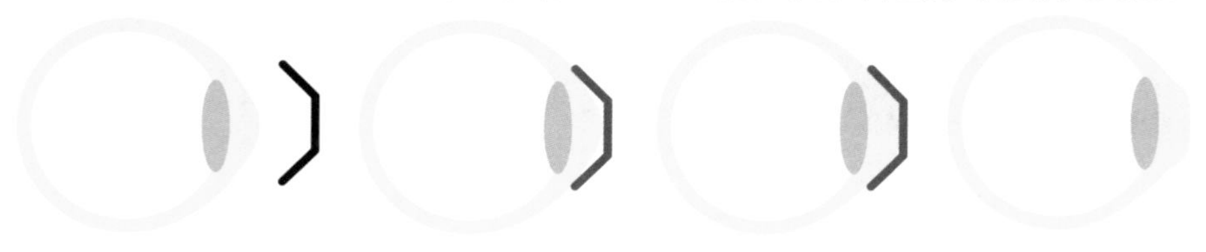

角膜塑形术

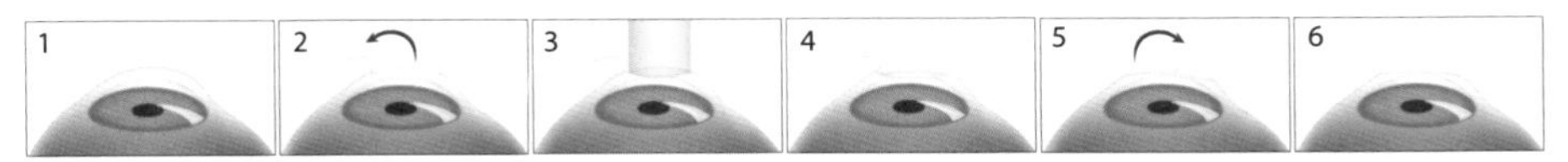

治疗近视的激光手术法

这是因为散光的原因也和角膜有关，角膜曲率异常造成近视或者远视，角膜形状不规则，造成散光（散光患者对区分 8 和 0 或者 m 和 n 有困难）。

角膜塑形镜必须按人定做，所以配塑形镜需要先作角膜图。这是一种专门的眼科检查，目的是断定患者角膜异形的程度。角膜塑形镜和普通眼镜的另一个差别是，它矫正视力需要时间。普通的眼镜你只要戴上就可以看清楚了，而角膜塑形镜对角膜形状的矫正和角膜变形的程度有关。假如你的视力是 -4D，你需要连续 4 天夜里佩戴角膜塑形镜之后才能恢复视力，假如你是 -6D 以上的深度近视，那么你就需要 7~10 天左右才能恢复正常视力。角膜塑形术必须得长期坚持，同时还要小心避免造成眼部炎症。

激光手术

激光手术法（也叫屈光手术）逐渐成为治疗近视的一个常见方法。因为近视的形成和发展主要是在青少年阶段，大部分医学专家都认为 18 岁前近视的程度不稳定，所以外科手术通常只针对成年人。

手术对象是人的角膜。手术矫正近视是通过改变眼球的屈光结构来调整光线的聚焦。眼外科医生用激光将角膜中央超厚的部分切除，术后大部分患者都可以达到不需要戴眼镜的视力程度，但是激光手术法不能防止你以后随着年龄增长而出现的花眼。

激光手术法治疗近视也存在局限性，不是所有的近视患者都能承受这个手术。比如，角膜本身偏薄的患者就不适合这类手术；还有的患者角膜本身有其他病变，也不能做这类手术。

视力数值与屈光度

查视力最简单、最直观的方法就是用视力表。我国目前的规范是《标准对数视力表》（GB/T 11533-2011）。

一般情况下，正常裸视力都能达到 5.0（1.0）。具有屈光不正的人（近视、远视、散光），裸眼视力会低于正常，但通过佩戴眼镜之后，可以矫正到正常视力 5.0（1.0）。如果通过眼镜矫正视力仍然低于正常，则需要进行全面的眼科检查，看看眼睛是否具有其他疾病。

很多人想搞清视力表上的数值跟屈光度的关系，其实这两个概念是彼此独立的，它们之间没有绝对准确的换算关系。一般来说屈光不正的人视力都不太好，屈光度越高，裸眼视力也就越低。这也不绝对，有人屈光度不高，但是视力却很低，因为影响视力好坏的不止屈光度一个因素。如果眼睛有其他疾病，例如视网膜成像功能受损等也会使视力下降。

盲人的智能眼镜

伊冯娜·费利克斯（Yvonne Felix）回忆说，在她大约4岁的时候，曾看见眼睛前方有许多斑点，她并不知道这些讨人厌的东西是什么。然而，在她7岁时的某一天，这些斑点挡住了她的视线，她被一辆车撞了。“我没有看到车，”她说，“我很可能从出生的那天起视力就开始下降了——不过下降得十分缓慢。”

费利克斯眼前闪烁的斑点是斯特格病（Stargardt disease）导致的，这种疾病又称“少年黄斑变性”。它会慢慢损坏视网膜中央的一小块区域，那就是黄斑区。黄斑区内集中着高密度的视锥细胞，对光的感受最为敏感，任何黄斑区的病变都会引起中心视力的明显下降，视物色暗、变形等。

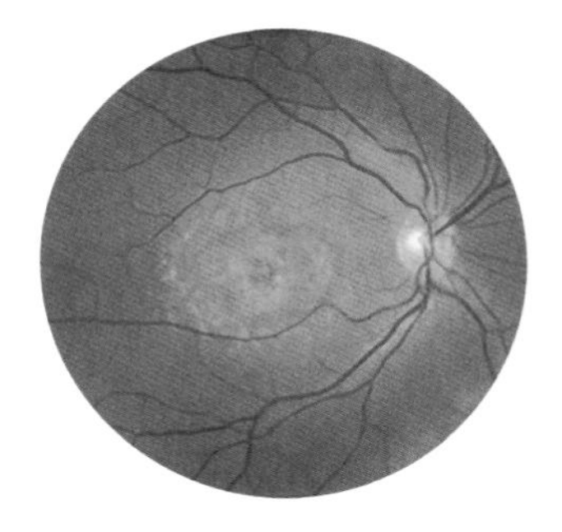

斯特格病患者中央的黄斑疤痕

斯特格病削弱了费利克斯看清物体细节的能力。患有这种疾病的人一般无法看清视野中央的物体和面孔，但边缘视觉是正常的。当费利克斯看着正前方时，图像就会变得模糊、朦胧、不明确。“这像是困在两层玻璃之间的苍蝇。”她说，“大致说来，我（视野）中央有一个盲点，辨识颜色、深度和距离的能力也受到了影响。”

在接下来的30年里，费利克斯一直在寻找可以矫正视力的方法。“我只是想要看清我家人的脸，”她说，“我在寻求一种设备或一种方式来帮助我，让我能感觉到我正在过着一种充实而有希望的生活。”然后，费利克斯找到了eSight公司的电子眼镜。费利克斯表示，通过eSight眼镜，她看清了结婚8年的丈夫的样貌，还有两个月大的儿子。

eSight眼镜被笼统地称为盲人眼镜。实际上，在一些社会界定中，并不是所有的盲人都没有视觉能力，大部分盲人可以在不同程度上感知到光线。那么，eSight眼镜是如何帮助他们的呢？

盲人眼镜是怎样工作的？

“在患有斯特格病等疾病的情况下，人们（视野）就会有中央盲点。”eSight公司的外展协调员亚力山德拉·达利蒙特（Alexandra Dalimonte）解释说，“中心区域的盲点导致视物异常困难，看对方的脸，阅读或看电视等会非常困难。但他们眼睛边缘还有视觉。我们的眼镜可以利用边缘视力，发出增强的信号来缩小或去除中央盲点。”

这种信号就是经过处理的视频信息。eSight眼镜将佩戴者眼前的景象通过内置的高速摄像机捕捉并录像，然后通过一个功能强大的处理器对视频画面进行处理，比如放大、锐化、突出处理等，最终将图像呈现在佩戴者眼前的两个有机发光二极管（OLED）屏幕（每只眼睛前面各有一个）上。通过这样的方式，eSight眼镜利用用户的残余视力使其看到更多、更清楚的东西，比如用斯特格病患者的边缘视力来弥补中央盲点上的物象缺失。

达利蒙特说：“有了设置在眼睛正前方的屏幕，他们（低视力者）就能把一切都拉近，看见更多原本可能看不见的东西。”

另外，eSight 眼镜用的屏幕也能很好地再现色彩。如果佩戴者需要，还可以通过操作手柄来将画面暂停，并且根据实际情况，自行调节屏幕的亮度及色彩。

eSight 眼镜还适用于视网膜色素性变患者。视网膜色素性变是一种眼部疾病，会导致管状视野，即视野缩小，只能看到正前方的事物，像透过一个管子看东西那样，最终还可能导致失明。eSight 眼镜虽然不能拓宽他们的视野，但能使他们更清晰地看到东西。

对于完全看不见的人呢？“这些眼镜对任何一个完全失明的人都不会产生效果。”达利蒙特说，“你必须还留有一些视力，佩戴者最好留有一些边缘视觉，因为我们的工作是建立在这个基础之上的。”

多种多样的盲人眼镜

从牛津大学起步的初创公司 VA-ST 研发了一款名为 SmartSpecs 的

eSight 3 前置了 1 枚高清摄像头和 2 个传感器，侧边则通过数据线连接控制装置

这是 eSight 3 的操作手柄。用户在佩戴前可通过外接的操作手柄进行调焦，在使用过程中，可根据视觉的需要，利用操作手柄调整图像远近、大小以及亮度

eSight 3 是第三代版本，它如普通眼镜般大小，戴上刚好能覆盖眼部及周围，因内置两块供观看图像用的 OLED 屏幕，具有一定厚度，强大的处理器处于两块 OLED 屏幕之间

SmartSpecs 的用户在看杂志，笔记本屏幕显示他看到的影像

增强现实眼镜。这款 SmartSpecs 实际上就是一款头戴式的计算机设备，利用内置的摄像头和便携式计算机，为佩戴者实时生成图像轮廓，让那些视力障碍者有能力独立探索世界。

以色列的一家公司研发的名为 OrCam 的产品，包含一台附在镜框上的微型相机。这台相机能够接收用户周围包括物体的形状、大小、声音等在内的任何信息，还能够帮助分析图像，告诉视力障碍者周围发生的一切。

Seeing AI 是伦敦一位微软工程师正在完善的另一种供视力障碍者使用的设备。该眼镜采用人工智能将用户拍摄到的有关人物、场景或事件的照片转换成描述照片内容的语言。Seeing AI 同时也能让佩戴者把标签、文章上的文本拍摄下来，然后通过自动识别读出，让佩戴者听到这些信息。

盲人眼镜的未来

eSight 公司还在为眼镜研发新的技术，比如光学字符识别、GPS 定位、人工智能和互联网功能，以使视力非常低的人也能独立生活。“从根本上来说，这是一种辅助技术，并不一定能提高视力障碍者的视力。” eSight 公司的总裁兼首席执行官布莱恩·梅克（Brian Mech）解释道，“但是，我们将努力帮他们看得更好，还有一些技术会帮到他们，比如嵌入式机器视觉，它能准确、实时描述人们所处环境的景象，让他们知道周围发生了什么。”

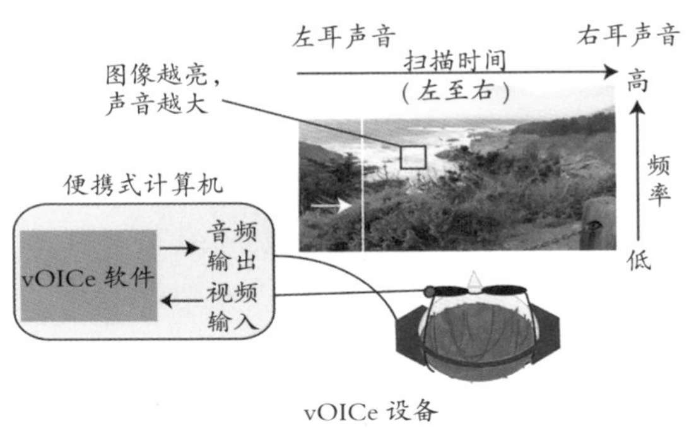

vOICe 设备

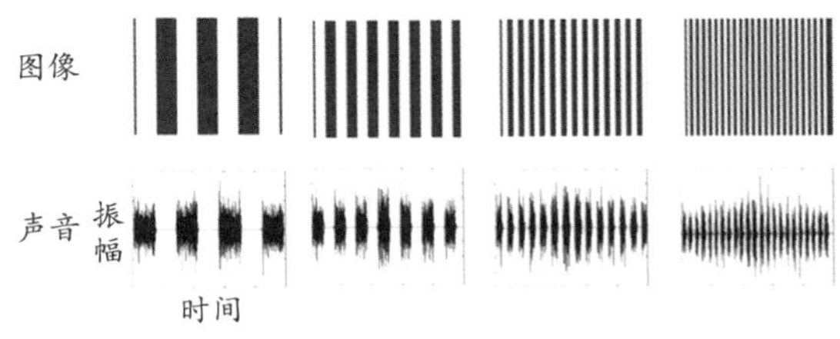

vOICe 编码示例

vOICe 由荷兰工程师彼得·梅杰研发。它将眼镜上的摄像机所记录的视频，通过计算机分析转换成声音，然后实时传输到耳机，帮助盲人了解周围的环境

神奇的透视眼

X 射线

1895 年 11 月 8 日傍晚，德国物理学家伦琴像往常一样在研究阴极射线。他把房间全部弄黑，还用黑色硬纸给阴极射线放电管做了个封套。为了检查封套是否漏光，他给放电管接上了电源。当他确定了封套确实不透光，并着手进行下一步实验时，却看到了从距离放电管几米远的地方发出的微弱的光。他发现，那是他放在工作台上准备下一步使用的氰亚铂酸钡荧光屏在发光。

他知道，阴极射线只能在空气中行进几厘米，而 2 米以外仍可见到荧光屏上有荧光，应该不是受阴极射线的影响。伦琴经过反复实验，确信这是种尚未为人所知的新射线，便将它取名为 X 射线。

接下来的深入研究让伦琴发现 X 射线可以穿透千页的书，2~3 厘米厚的木板，几厘米厚的硬橡皮，15 毫米厚的铝板，等等。最令伦琴惊异的是，他偶然发现 X 射线可以穿透肌肉照出手骨的轮廓。

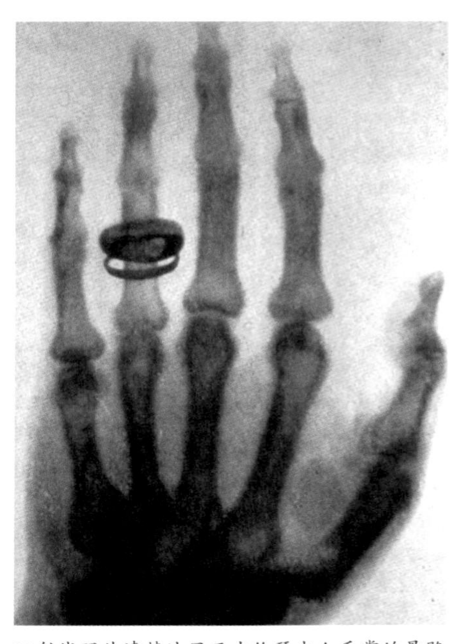

X 射线照片清楚地显示出伦琴夫人手掌的骨骼

于是，伦琴请他的夫人陪同他一起完成一项实验，他将夫人的手放在用黑纸包严的照相底片上，然后用 X 射线对准照射 15 分钟，显影后，底片上清晰地呈现出他夫人的手骨像，手指上的结婚戒指也很清楚。这是一张具有历史意义的照片，它表明了人类可借助 X 射线，隔着皮肉去透视骨骼。这个发现对之后的医疗领域发展产生了极大的影响。

那么，通过 X 射线，我们能看到什么呢？

透视人体

X 射线能穿透物质，且它的穿透性因物质（比如骨头和肌肉）的不同而异。在身体的一面发射 X 射线，

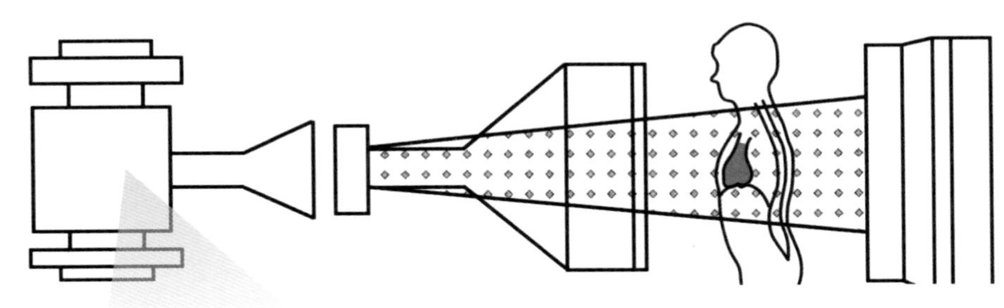

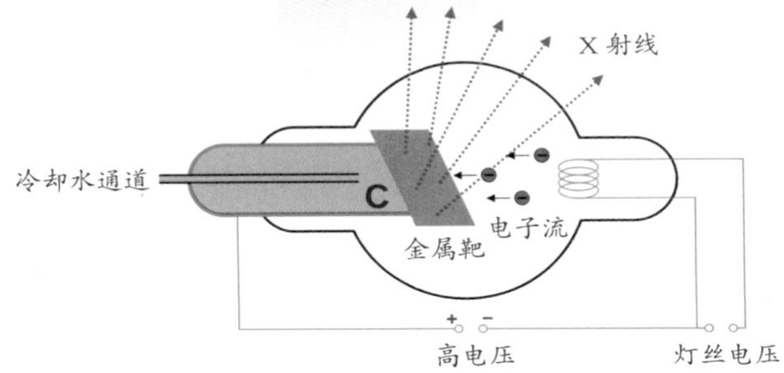

用加速后的电子撞击金属靶，可以产生X射线。将一片照相底片放置于人体后方，让X射线穿过人体组织后照射到底片，由于不同的人体组织穿透性不一样，底片就能留下人体内部器官组织的影像

在另一面放置感光胶片，就可以拍下身体内部结构的影像。比如人体骨骼中钙原子更能吸收X射线的能量，也就是说骨骼部位只有较少的X射线穿越人体到达另一面，那么另一面上该部位的感光胶片因为感光量不够，就比较透明。

当你体检的时候，一般都会有一项是X射线检查。医生会请你走进暗室、站直身体，扫描设备会对准你的胸口，这样拍出来的照片会显示出你的五脏六腑，特别是心脏和肺部。医生可以通过照片轻松地判断受伤的人有没有骨折，身体里有没有异

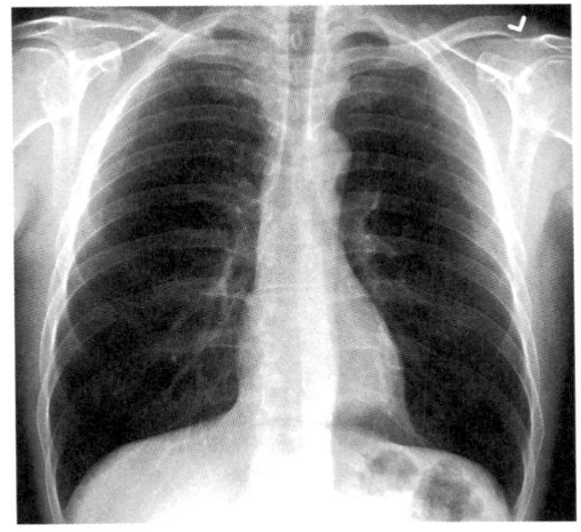

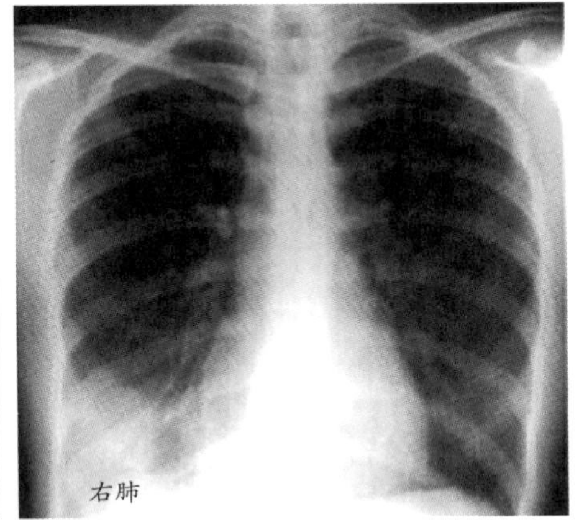

左图是健康成人的胸片（胸X射线透视片）。分布在胸片两侧的黑色部分，就是肺，肺内充满了大量的空气，穿过X射线的量最多，所以在经计算机处理后的胸片上显示为黑色影像。在两肺之间夹杂着一大片白色，是心脏等器官和组织。由于这些器官组织密度大，不“透亮”，或者说透过的X射线较少，因此在胸片上呈现出白色。右图的胸片显示异常，右肺叶下端的白色部分显示病人有肺炎

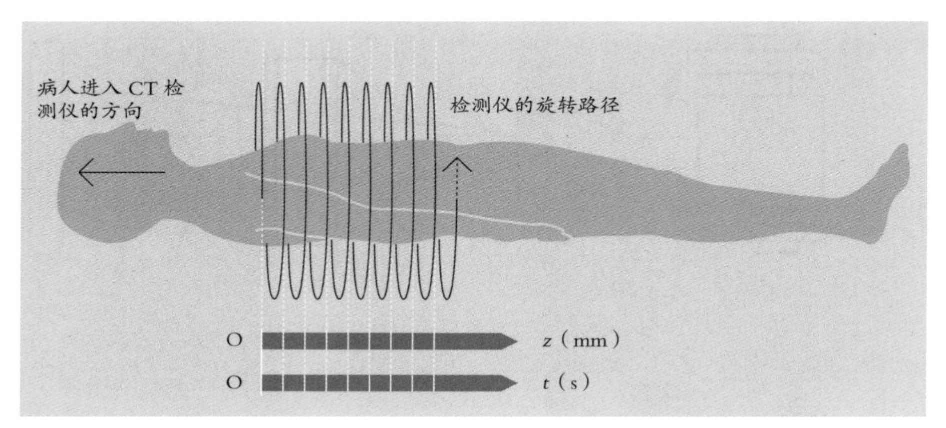

CT 能将人体分成一个个薄片（断层）进行扫描成像，最后得到一套影像集，准确地在三维坐标上定位病变的位置

物或病变，而在以前，这些都只能靠猜测。

理论上讲，X 射线可以帮助我们观察身体内的各个器官，但传统的 X 射线扫描有一个缺陷，它只能显示一个方向上的物体结构，如果物体内部发生不同物质的重叠，就无法显示清楚了。不过 1971 年，英国电子工程师亨斯菲尔德首次推出了“计算机断层扫描”，他与美国物理学家科马克博士共同发明了这项技术。也就是我们经常听到的 CT，这项技术为我们解决了之前的问题。

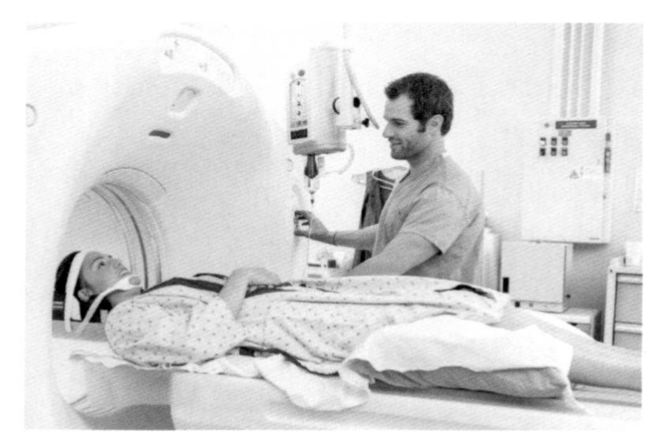

年轻医生正在为病人进行 CT 检查前的准备

CT 的机理很简单：它从各个角度扫描身体，得到多个角度的投影，把收集到的这些信息交给计算机，通过特别的算法，合成精确的空间图像。更巧妙的是，它把人体分成一个接一个的薄片（断层）。一个一个断层地做多角度的扫描和合成影像，最后得到一套多断层的影像集。

核磁共振成像

1973 年，顶级学术期刊英国《自然》杂志收到了一位名叫保罗·劳特布尔的科学家的投稿。然而，《自然》杂志拒绝了这篇论文。不知他们是否会为自己做出的决定感到后悔，但可以肯定的是，他们几乎错过了一场革命。因为这篇论文，第一次提到了核磁共振技术在医学上的应用。这个在当时还无法被认同的科学设想，在短短十几年后，成了医学史上最重要的发明之一。

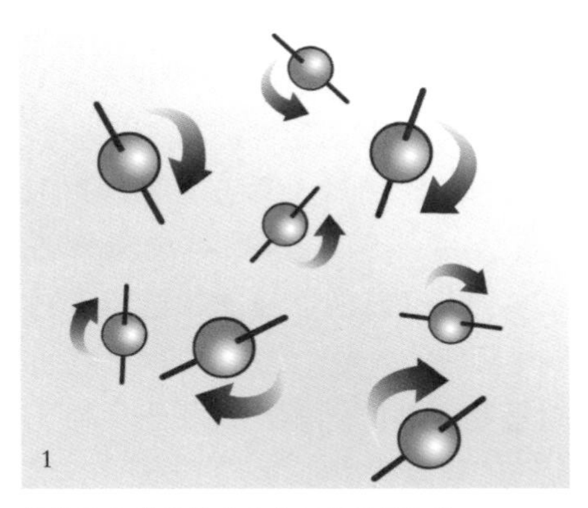
氢原子核的旋转方向和极性是随机的

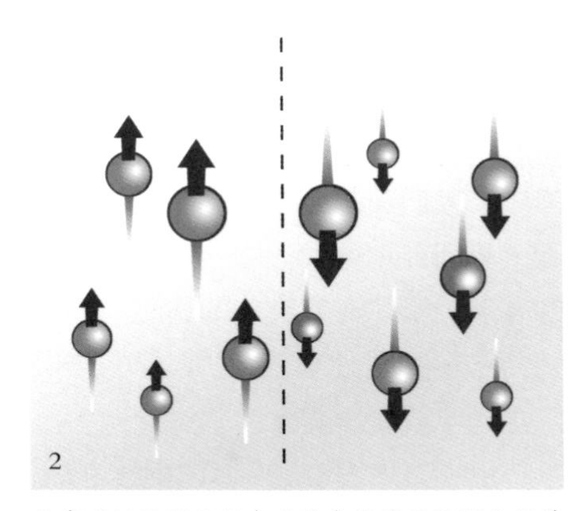
具有磁矩的原子核在磁场中的排列规则是顺着或逆着外磁场两个方向排列，且顺外磁场方向排列的略多

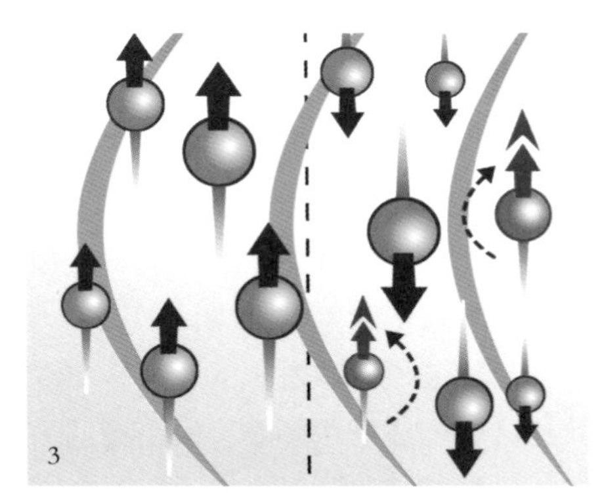
外加电磁波照射，会让一些顺外磁场方向排列的原子核偏离原来的朝向，能量也发生变化

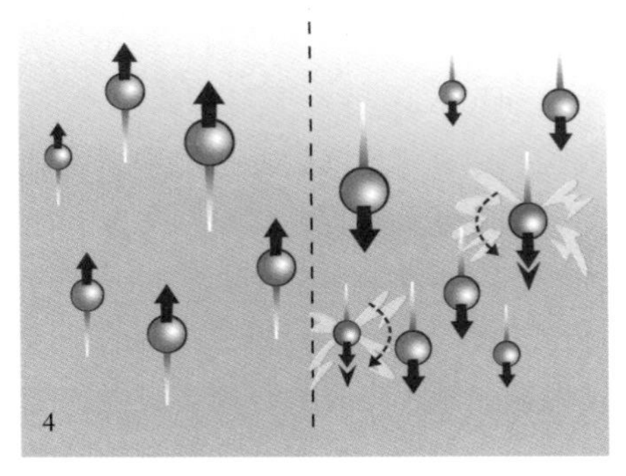
撤掉电磁波后，这些原子核会回到原来的状态，并发出电磁辐射

我们来看看核磁共振成像的基本原理。人体里 70% 的组成部分是水，每个水分子都有两个氢原子，原子里的原子核带有正电，自旋会产生磁场，从而带有磁性。这些原子核如果置身于稳定的外加强磁场中，就会按照顺着或逆着外磁场两个方向排列，且顺外磁场方向排列的略多。在这个基准上，用电磁波照射人体，一些顺外磁场方向排列的原子核会吸收电磁波能量，进而改变状态（比如自旋方向）。如果停止电磁波照射，这些原子核会跳回原来的状态，并释放出相应能量的电磁波。包含在电磁波里的各种物理量反映了各种人体组织的性质（比如病理变化），这些信息通过计算机处理，成为人体内部的精确图像。

核磁共振成像尚未诞生之时，在传统医学的解剖实验缓慢发展的大背景下，已有物理学家通过初步实验发现小白鼠的癌细胞核磁共振后和正常组织细胞有明显的差异。美国化学家保罗・劳特布尔由此萌生了用核磁共振技术完成人体的精细扫描的大胆想法。劳特布尔相继攻克了一个个难关，并获得了初步的成功。为了进一步推动这项技术的发展，性格豁达的劳特布尔将自己的实验室开放给了许许多多来自不同国家和专业的访问者，而其中，来自英国诺丁汉大学的教授彼得·曼斯菲尔德为核磁共振成像技术的发展做出了非常突出的贡献，并与劳特布尔共同分享了2003年的诺贝尔生理学或医学奖。

这项技术发明的影响是巨大而广泛的。前面讲到的CT，对软组织分辨力不高，而核磁共振成像对软组织有较好的分辨力，如肌肉、脂肪、软骨、筋膜等。有了核磁共振成像技术，人们不必通过手术就能检测身体各个部位的病变。而且，核磁共振成像技术没有X射线辐射，理论上讲对人体是无害的。目前，核磁共振成像技术发展迅速，不断有更具突破性的技术运用到其中，科学家在医学领域里取得的成果也越来越丰富。

超声波

你可能以为，生孩子是一件很神秘的事情：只有到孩子降生的那一刻，妈妈才能知道自己怀的是男孩还是女孩。但实际上，在20世纪，爸爸妈妈就能在胎儿出生前知道他（她）在肚子里面是否发育正常，还能在孩子出生之前就知道孩子的性别。随着社会的进步，父母对孩子的性别看得并不是那么重了，不过爸爸妈妈对小宝宝的好奇心依然有增无减。现在，已经出现了可以让爸爸妈妈看到肚子里面小宝宝的模样的技术。不论是监测胎儿发育，还是鉴定性别，甚至“偷看”宝宝的样貌，都是超声波在帮助我们。

人耳能够听到的声波频率在20~20000赫兹（赫兹是国际单位制中频率的单位，是每秒的周期性变动重复次数的计量），高于20000赫兹的声波就被称为“超声波”。通过发射超声波并收集其反射的回音，就可以得知这个反射声音的物体的很多特性，无论这个物体是隐藏在深水里的潜水艇，还是人体内的五脏六腑。1942年，超声波第一次被用于医学。那年，奥地利的医生杜西克第一次用超声技术扫描了脑部结构。

超声波检测仪发出的超声波可以穿过人体的皮肤和脂肪，但是我们体内的组织或器官密度比较大，这些组织或器官会反射和折射超声波。不同器官对超声波的吸收率、反射率和折射率各不相同，所以接收器能够接收到强度不同的超声波波形。医生根据这些波形，就可以判断我们体内器官是否正常工作。

目前最常见的超声波检测方法有4种，分别是A型、B型、M型和

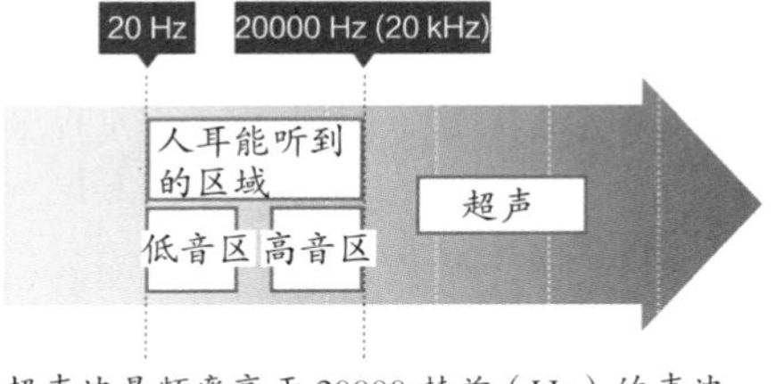

超声波是频率高于20000赫兹（Hz）的声波，超出了人耳听觉的上限

D 型。其中 A 型超声波检测法又叫作“示波法”，顾名思义，这种超声波检测仪只能显示超声波的波形，医生要根据超声波的波幅、波数等，来判断器官是否有病变。这种检测方法一般用于诊断脑瘤、囊肿及胸腹部的水肿。B 型超声波检测法是目前应用最广泛的超声波检测方法，也就是我们很熟悉的“B 超”，又叫“成像法”。它的检测结果可以即时反映在屏幕上，更加直观，甚至有些患者都能够清楚地解读 B 超图像中的“秘密”。被用来检测胎儿发育情况、判断性别的就是 B 超。这种技术是为了更全面地观察宝宝的发育情况，人们希望能用这种技术将畸形儿的出生率降到最低。M 型超声波检测法又叫“超声心动图法”，它主要用来检测心脏结构，常常与心电图、心音图“联合作战”，帮助医生诊断心脏病变。D 型超声波检测法又叫作“多普勒超声检测技术”，是一种新兴的超声检测技术。当流动的血液反射超声波时，回声的频率会随着血流的情况而改变。依据这个规律，可以对血流听诊、测速，获得血管的横断面、纵剖面等。D 超常常用来检测与血管相关的病变。

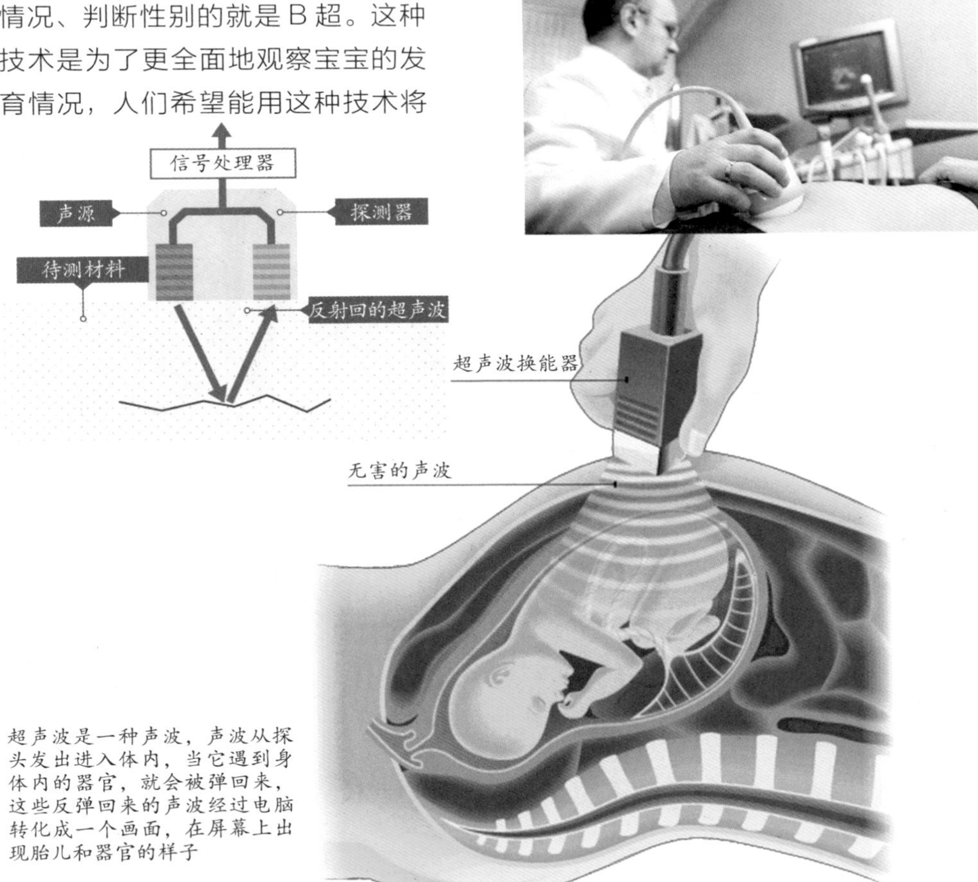

超声波是一种声波，声波从探头发出进入体内，当它遇到身体内的器官，就会被弹回来，这些反弹回来的声波经过电脑转化成一个画面，在屏幕上出现胎儿和器官的样子

奇妙的内窥镜

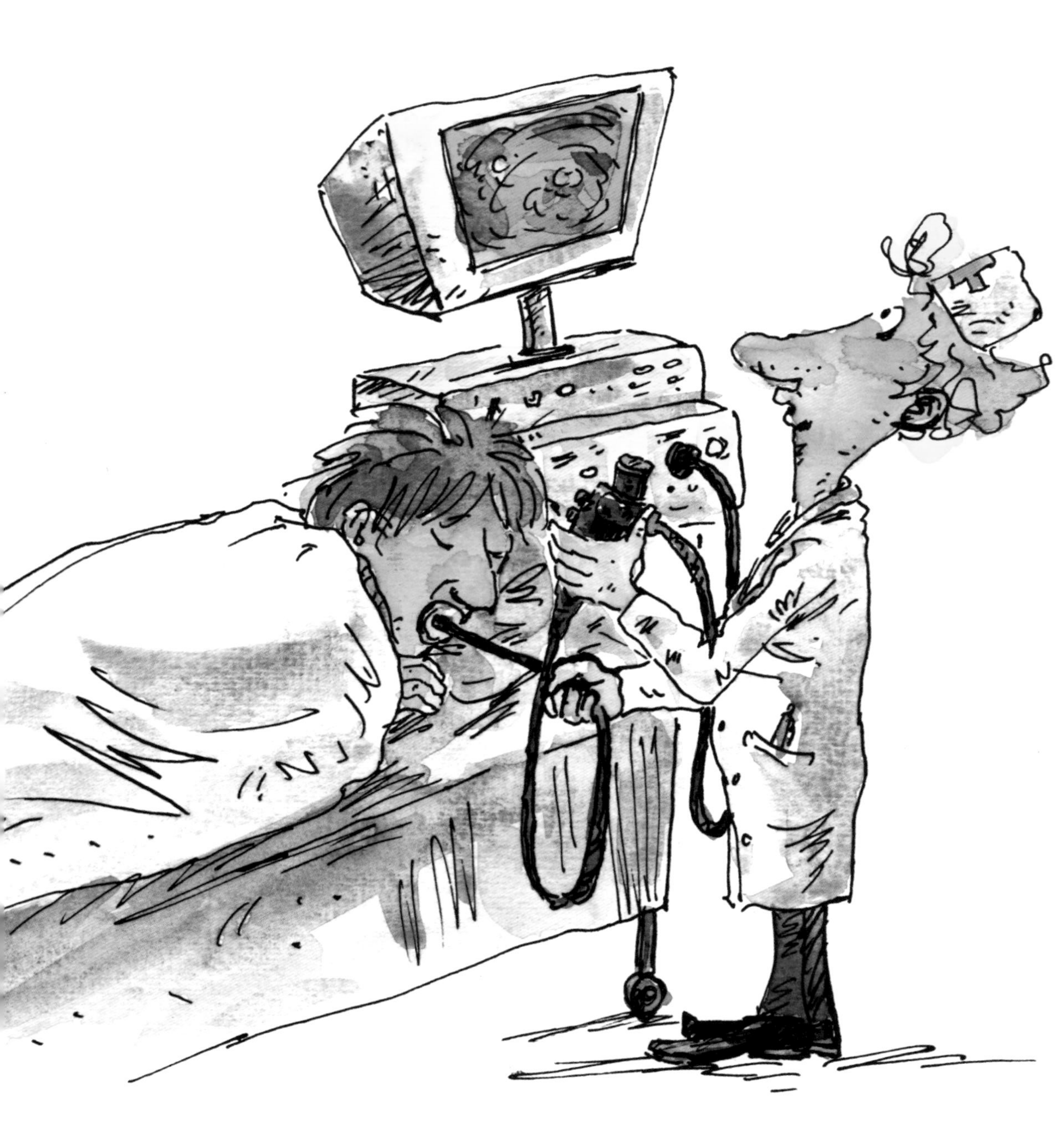

每每提起“手术”，我们印象中便是医生拿着手术刀、止血钳等器械在病人身上进行着复杂的操作，这其中往往伴随着伤口与疼痛。

通常情况下，在麻醉、消毒后，外科医生用刀切开皮肤，暴露或进入体内器官，排除病变、改变构造或植入外来物，因为只有将身体切开足够大的开口，医生才能看到病变部位，也才能动手术，所以动手术也叫开刀。

1987 年，法国医生穆雷使用一种条形“内窥镜”，完成了一例奇特的手术。他先在患者的腹部打几个小孔，将条形镜子从这些孔中探入，找到发炎的胆囊，手术器械从另外的孔探到胆囊的位置，顺利完成了手术。

这种手术开刀的创口很小，所以叫作微创手术。与传统手术长长的手术切口相比，微创手术有如下几个特点：创口微小，大多在 0.5~1 厘米；患者疼痛感小；手术中几乎不出血；大大减少了对脏器的损伤和对脏器功能的干扰，使术后恢复时间缩短。

显而易见的是，这样的手术达到了医生肉眼观察的极限，这与这种叫作内窥镜的设备密不可分。

人的身体有几个天生的对外畅通的通道，包括嘴巴、鼻子、肛门和尿道。内窥镜沿着这些通道进入人体，就可以直观地观察到相关器官的状况和病变。还有一些就是我们前面讲到用来手术的内窥镜，如胸腔镜、腹腔镜等。

世界上第一个内窥镜是 1853 年由法国医生安托万·德索米奥

用于微创手术的器械，器械的前端可以装配内窥镜或其他手术工具（图片来源：TransEnterlx 公司）

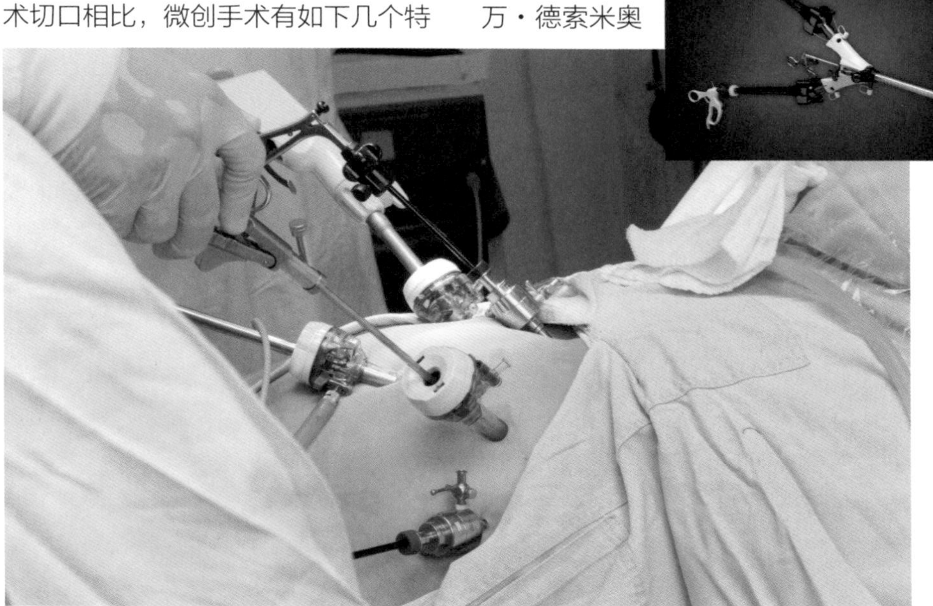

微创手术只需在人体上开几个小口，因此对病人伤害较小

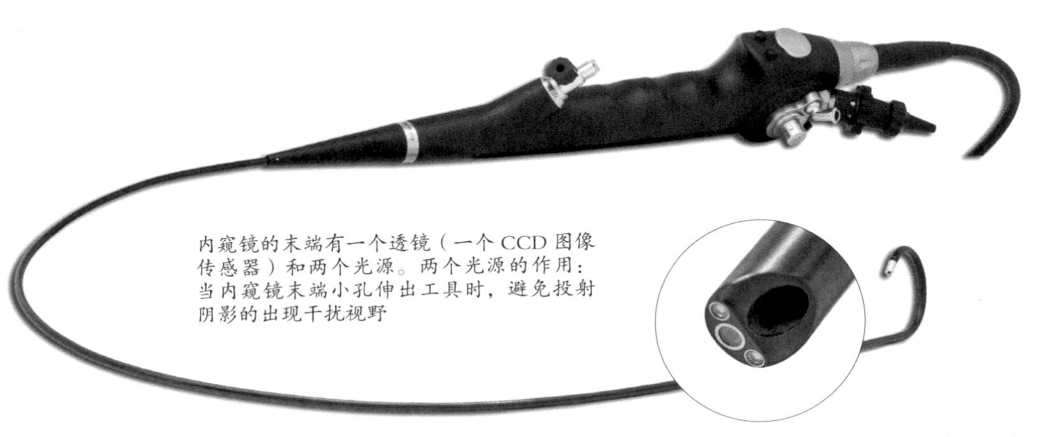

内窥镜的末端有一个透镜（一个 CCD 图像传感器）和两个光源。两个光源的作用：当内窥镜末端小孔伸出工具时，避免投射阴影的出现干扰视野

内窥镜是经各种管道进入人体，以观察人体内部状况的医疗仪器，通常是一根柔软光滑的，可以在一定的角度内弯曲的细长管子。医生们可以从喉咙经食道把内窥镜送进胃，从尿道口把内窥镜送进膀胱，从肛门把内窥镜送进大肠，也可以从气管将内窥镜送进肺部。照明光源、影像传输、水和气体传送以及手术器械的进出，都是通过这根细细的管道。（图片来源：理查德·沃尔夫有限公司，德国克尼特林根）

（Antonin Desormeaux）创制的。最早的内窥镜被应用于直肠检查，医生借助蜡烛的光亮，观察直肠的病变。

作为内窥镜，关键是要足够细软，能随着人体器官的生理结构而转弯，并且能够传导清晰的影像。自 20 世纪 60 年代以来，光学纤维的发明与应用为内窥镜带来了一次彻底的技术改革。

1870 年，英国物理学家丁达尔做了一个简单的实验：在装满水的木桶上钻个孔，然后用灯从桶上边把水照亮。人们看到，水从水桶的小孔里流了出来，水流弯曲，光线也跟着弯曲。光在某种意义上可以沿着弯道传播。

后来人们造出一种透明度很高的、纤细的玻璃纤维，当光线以合适的角度在一端射入时，光可以沿着弯弯曲曲的玻璃纤维前进，这就是光导纤维。

带着光导纤维的内窥镜进入人体，体内器官的反射光经过内窥镜端头的透镜会聚后，成像在光纤端头的平面上，再经过光纤传出，在体外通过目镜放大

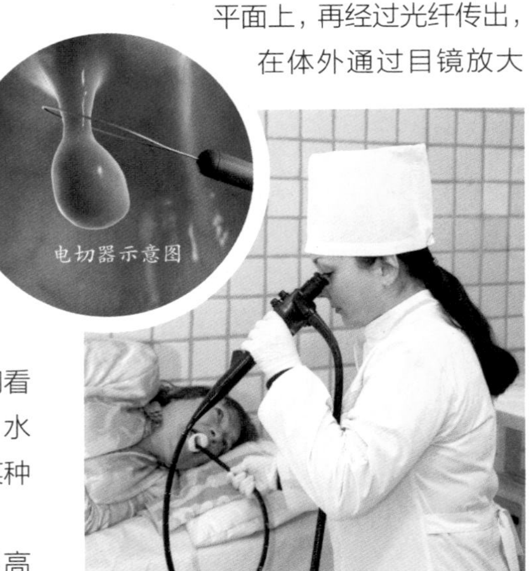

这位医生正在用上消化道内窥镜为病人进行检查

而供医生观察，或通过光电元件，把光信号转变成电子信号在屏幕上显示出来。

光导纤维有一定的弹性，而且不能过度弯曲，进入弯弯曲曲的人体内部时就不是很方便。到了 1983 年，电荷耦合组件（CCD）内窥镜在美国的诞生，引发了内窥镜的另一次飞越。CCD 是当代数码相机的核心器件之一。我们使用数码相机，或者使用智能手机拍照时，有没有想到一个问题——“自然界的影像是如何转化成一张张图片文件的”，而这就是 CCD 的职能。

CCD 芯片上是一个个并行排列的光敏半导体元件，自然界的影像经由透镜投射在 CCD 芯片上，被转换成电子信号，并被存储器记录下来。

将微型图像传感器 CCD 装在内窥镜的尖端，这个微型摄像头深入体内拍摄图像，通过电线传送出高清晰度的、色彩逼真的图像，并在监视器屏幕上显示出来，也可以进行录像，或者打印图像。由于使用电线而不用光导纤维，电子内窥镜的总体直径和硬度大为减小，从而减少了病人检查时的不适感。

内窥镜可以算作是当代医学划时代的发明之一，它集光学、人体工程学、精密机械、现代电子等于一体，使现代医学诊断极其微小的病变成为可能。

手术机器人

“达·芬奇”手术机器人就像是一个戴了高级的医用内窥镜的医生，它由医生控制台、床旁机械臂系统和成像系统三部分组成。

操作“达·芬奇”手术机器人时，主刀医生坐在控制台前，用双手操作两个主控制器，并用脚控制踏板，从而控制手术器械和一个三维高清内窥镜，手术器械与医生的双手同步运动。床旁机械臂系统是机器人的操作部件，需要一位助手及时更换器械和内窥镜，协助主刀医生完成手术。成像系统内装有核心处理器和图像处理设备，它的内窥镜为高分辨率 3D 镜头，可以把手术视野放大 10 倍以上，能为主刀医生呈现患者体腔内的高清三维立体影像，使主刀医生更容易把握操作距离，辨认解剖结构，提升手术精确度。“使用手术机器人要优于传统的腹腔镜手术，因为机械手可以 360° 转动，这是普通手术器械做不到的，更重要的是，我可以清晰地看到那些肉眼看不到的细小的血管。”在机器人成功完成首例肝脏肿瘤切除手术后，美国伊利诺伊大学芝加哥分校医学中心的朱利亚诺·特斯塔（Giuliano Testa）医生这样评价。机器人帮助下的外科手术更可控，更精确，可以更好地解剖组织、控制出血和保护重要的结构。以前需要劈开头颅进行的手术，如今只需在头上钻小洞就能为患者消除病症了。

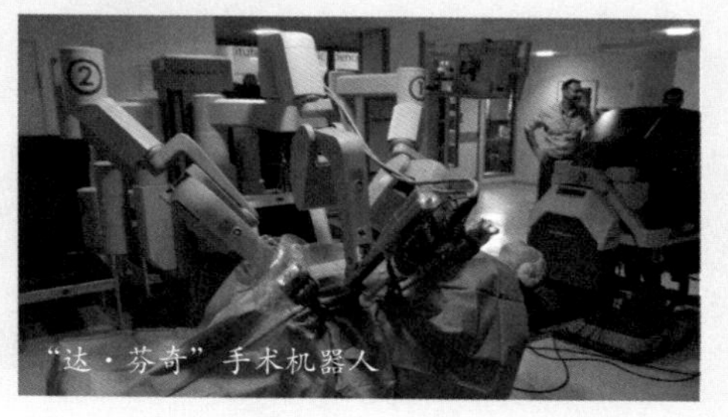

“达·芬奇”手术机器人

深入微观世界

“1590年，一个晴朗的早晨，荷兰米德堡的眼镜店技师詹森摆弄着他磨制的玻璃片。他将两片凸透镜装在一根金属管的两头，并通过管子望向街道旁的建筑。他惊奇地发现，教堂屋顶的雕塑公鸡比实际大了好多倍，就像被放到了眼前似的。当他用这神奇的金属管去看书时，书上的逗号变得像蝌蚪一样大。詹森很兴奋，他立刻与家人分享了这个新发现带来的喜悦。这应该是有记载的最早的望远镜和显微镜了。”

眼睛的极限

眼睛是人体最主要的感光器官。来自物体的光线穿过角膜和瞳孔，再依次穿过晶状体和玻璃体，被聚集到视网膜上形成图像，然后由眼底的感光细胞产生信号，并通过神经将光信号传导到大脑，由此形成视觉。

一直以来，人们所能见到的世界是受眼睛分辨能力限制的。即使最好的视力，也很难看出小于0.1毫米的差距。这是因为我们的瞳孔和晶状体的大小有限，它们能同时采集的光线是有限的；另外细胞也有一定的大小，距离十分接近的两点投射到眼中的光线就会落到同一个感光细胞上，只能刺激产生一个光信号，大脑就无法进一步区分了。因此，太小的世界仅靠人眼是分辨不了的。我们必须借助一种叫作“凸透镜”的玻璃片。

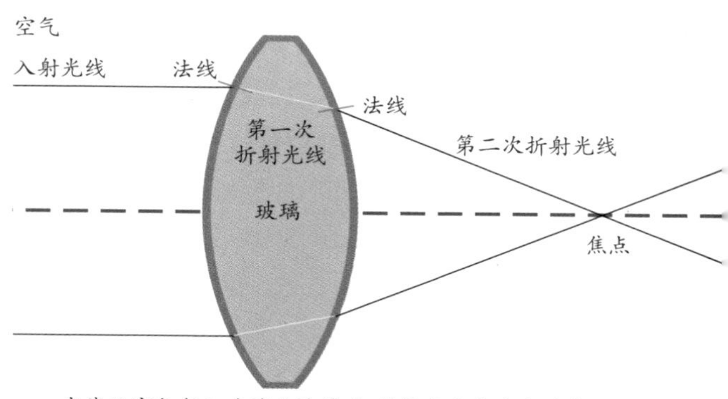

光线从空气射入玻璃凸透镜时，传播方向会发生改变，这个现象叫光的折射。法线与光线入射点的切线垂直。法线、折射光线、入射光线在同一平面；折射光线和入射光线分居法线的两侧。光线从玻璃进入空气时，产生了第二次折射，同样也遵循折射定律

被折射的光

人们很早就知道把透明的水晶或宝石磨成“透镜”，并利用它能放大物体的特性，制成了放大镜。后来人们逐渐从这种放大现象中总结出了光折射的规律：光在同一均匀介质中是沿着直线传播的，但当光线从一种介质进入另一种介质时，比如从空气进入玻璃中，传播方向会发生改变，即发生折射。

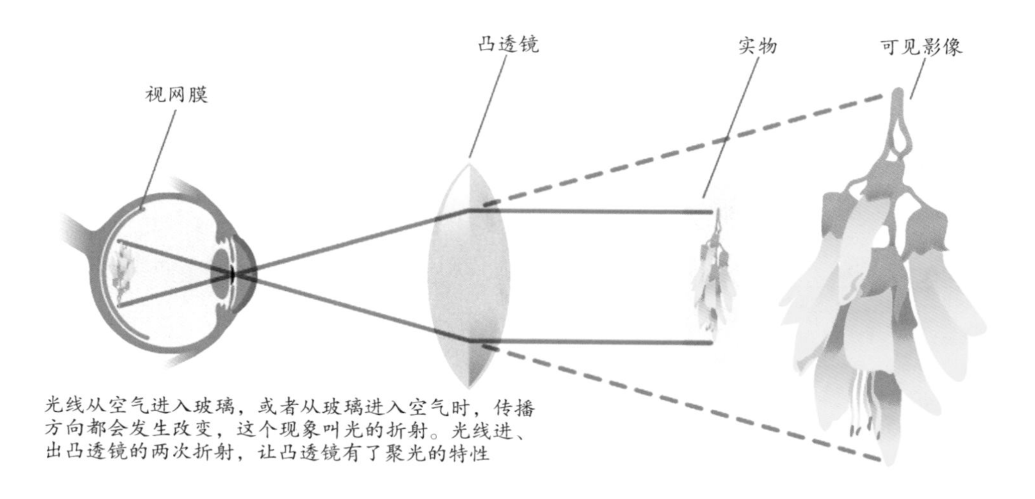

光线从空气进入玻璃，或者从玻璃进入空气时，传播方向都会发生改变，这个现象叫光的折射。光线进、出凸透镜的两次折射，让凸透镜有了聚光的特性

光线穿过凸透镜时发生的折射更为特殊。光线不仅会发生特定角度偏折，当眼睛接收到经凸透镜偏折后的光线时，大脑还本能地认为光线是沿着直线传播的。这是大脑的一种错觉，它让我们看到在光线的反向延长线上有一个放大的物体。这个像也并非是真实的像，它是无法被投射到屏幕上的，因此被称为虚像。

与虚像相对，光线通过镜片折射后，能够投射到屏幕上显示出来的图像被称为实像。比如物体发出的光线透过晶状体在视网膜上所成的像，又比如我们在电影院银幕上看到的电影画面，它们都是实像。如何区分实像和虚像呢？有一个简单的办法：当用一个凸透镜成像时，形成的虚像都是正立的，而实像总是倒立的。可是既然光线进入我们眼中形成的是实像，我们看到的世界为什么不是倒立的呢？这是由于大脑的协同纠正能力，它会根据其他感觉器官的综合信息，将眼中接收的图像翻转到与实际情况相同的方向。

列文虎克与胡克

在詹森发明显微镜的70多年后，又一个荷兰人列文虎克（Antony van Leeuwenhoek）也制作出了显微镜，不同的是，他将显微镜应用到了科学研究中。列文虎克并没有接受过正规的科学训练，但他是一个充满好奇心的人。当他得知眼镜店磨制的放大镜可以帮助人们看清微小的东西后，他就对放大镜产生了浓厚的兴趣。但当时镜片的价格太高，他买不起，于是就到眼镜店偷偷学习磨制镜片的技术。功夫不负有心人，凭借勤奋和非凡的天赋，他磨制镜片的水平竟超过了同时代的工匠。1665年，列文虎克制作了直径只有0.3厘米的小透镜，并将它安装在一块铜板上，这就是他制作的第一个显微镜，用它可以观察跳蚤的腿、鸡身上的绒毛。不过列文虎克没有就此止步，他还进一步改进显微镜，提高其性能，终于制成了能放大300倍的显微镜。

据统计，列文虎克一生磨制了超过500个镜片，制作了400多个显微镜。应用这些显微镜，通过细致的观察和精确的描述，列文虎克让人们认识了环境中广泛存在的细菌等原核生物，为我们观察微观世界打开了一扇窗。不过，列文虎克的显微镜还只是单镜片的，结构比较简单，就好像是一个放大倍数更大的放大镜。

在列文虎克精心打磨镜片的同时代，也有很多科学家进一步研究了双镜片系统。意大利的伽利略就制作出通过改变两个镜片间的距离来改变放大倍数的可调节望远镜。1665年，英国科学家罗伯特·胡克（Robert Hooke）设计出一部像工艺品般精巧的显微镜。他在其中加入了调焦机

胡克的显微镜

构、照明光源和用于放置样品的载物台。使用这部显微镜，胡克发现了栎树皮切片中的密密麻麻的小格子，并将它们命名为“细胞”。虽然胡克看到的并不是活的细胞，而是软木组织中细胞死后留下的空壳，但他设计的显微镜却确立了现代光学显微镜的基本组成结构，推动了显微镜技术的发展。

虚实结合

显微镜在进入双镜片时代后，已经不再是简单的放大镜了。它的放大倍数更大，放大原理也变得有些复杂——实像与虚像结合。

显微镜由几个主要的镜片组成，其中能起到放大效果的部件分别是靠近物体的物镜和靠近眼睛的目镜。对于那些用于观察生物玻片标本的显微镜而言，它的主要结构从上到下依次是目镜、镜筒、物镜、载物台和光源。玻片标本放在载物台上，由于照明光源发出的光束需要穿透样品进入镜筒，一般要求样品非常薄，比如一层植物叶片薄膜。光束透过样品首先进入物镜，这是对样品的第一次放大。这个过程就像透过胶片形成影像的投影仪，在镜筒中形成了一个被放大的可清晰分辨的实像，这是显微镜放大过程中很关键的一步，直接决定了光学显微镜的性能。常见的物镜的放大倍数为 10~100 倍。

目镜的原理则与普通的放大镜类似，就是将已被物镜放大的实像再一次放大，使我们的眼睛能够看清楚，不过它形成的是一个虚像。

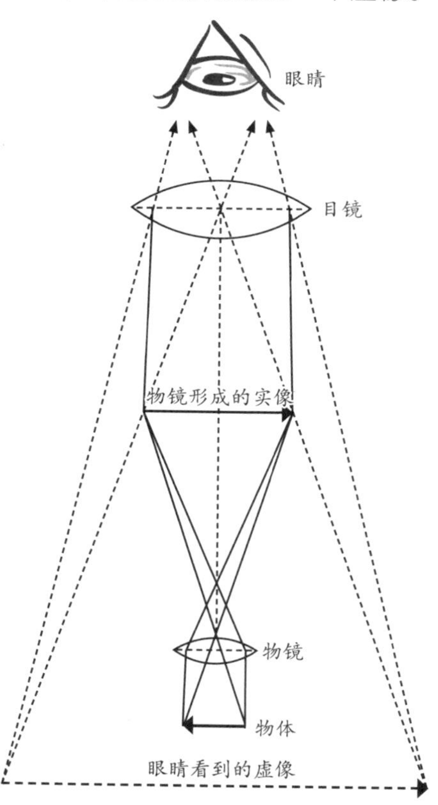

物体发出的光经过物镜的折射后，在靠近目镜的位置形成了一个放大的实像；接着，目镜将形成的实像放大，得到了一个放得更大的虚像

因此，目镜只是起放大图像的作用，并不能提高显微镜的分辨率。物镜未能分辨的差异，即使使用放大能力更强的目镜，也还是看不清。常用的目镜倍数为 5~16 倍。将物镜和目镜的倍数相乘，就是显微镜的实际放大倍数。光学显微镜的放大能力可以达上千倍。

显微镜的进化

除了普通的光学显微镜，根据不同的用途，科学家还设计了不同结构和功能的显微镜。在生物实验中，科学家经常要观察培养中的活细胞，将这些活细胞制成薄的玻片样品非常不方便，也没法保障细胞的存活。聪明的科学家设计了一款倒置式显微镜，将物镜倒置于载物台下方。由于载物台上方空间较大，就算样品体积大一些也无妨，比如细胞培养皿。由于这些被观察样品都是透明的，光源发出的光线可以透过样品进入镜筒，所以透射显微镜就能满足要求。为了观察不透明的物体，比如矿石，科学家还发明了反射显微镜，利用被样品反射回来的光进行观察。

最初的显微镜只有一个目镜，人们用一只眼睛观察；现在的显微镜已经发展为双目镜，人们可以同时用双

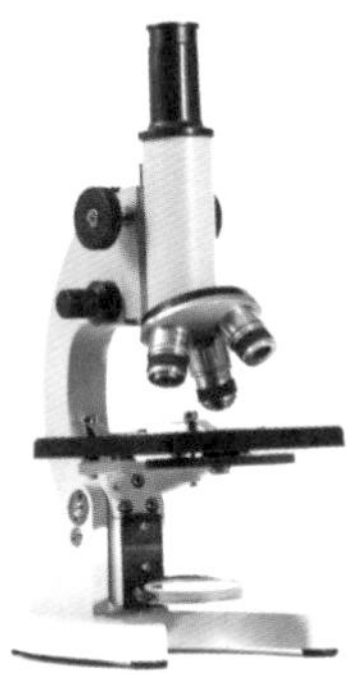

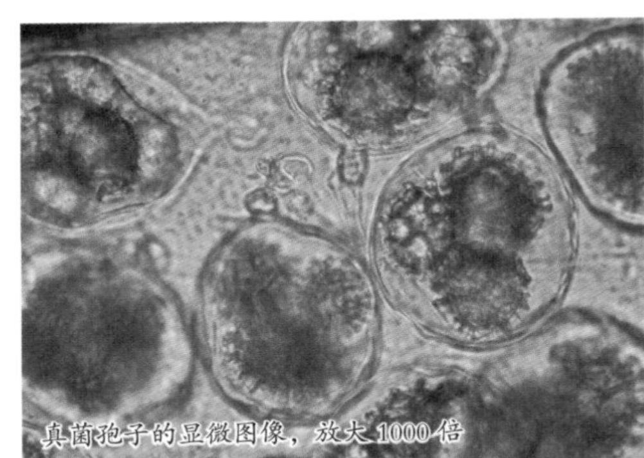

真菌孢子的显微图像，放大 1000 倍

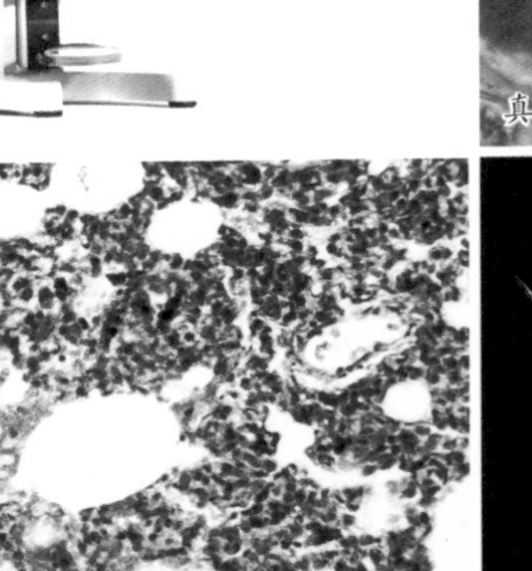

肺组织的显微图像，放大 100 倍

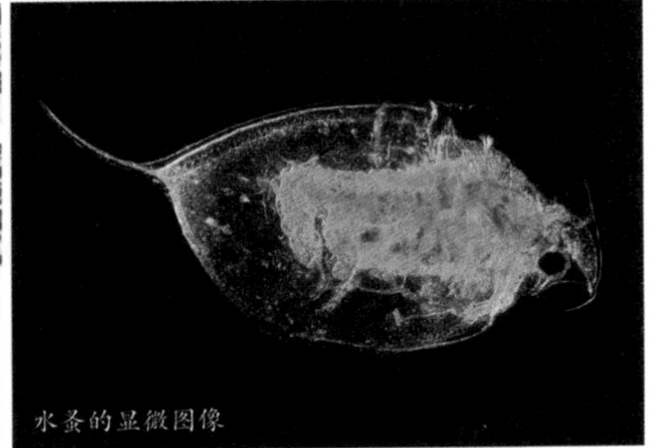

水蚤的显微图像

光学显微镜和通过其看到的图像

配备了成像系统的显微镜，可以在电脑屏幕上直接进行观察

眼观测。显微镜还同时配备了另一只“眼睛”——成像系统，它与电脑相连，人们可以实时地在电脑屏幕上看到图像，并且可以进行拍照，将观察到的图像记录下来。

另外，对于一些带有特殊标记的样品，比如带有荧光信号的细胞，只需要在显微镜中增加一支紫外光束，就可以轻松捕捉到细胞中的这些信号了。不过，在观察荧光时，需要将日光灯和显微镜的白光都关掉，这时候看到的荧光信号更为清晰。

光学显微镜并不是终点，20 世纪以来，科学家已经突破可见光的限制，研制出了利用电子束代替光线的电子显微镜。此外，基于量子理论的扫描隧道显微镜又将人类的“视力”推进到了原子级别。

如何挑选生物显微镜?

根据需要观测样品的性质来选择。比如，根据是否透光，选择透射或者反射显微镜；根据可否制成玻片标本，选择正置式显微镜或者倒置式显微镜。

选择合适的目镜和物镜。使用显微镜的目的是要看清楚物体的细节，因此分辨率是第一位的。

物镜是决定分辨率大小的关键。例如，当观察目标是直径为 0.25 微米的细菌时，那我们选物镜的分辨距离（能看清的两点之间的最小距离）就必须在 0.25 微米以下。物镜的镜筒上标的一般是数值孔径（*NA*），根据分辨距离 = 光线波长 /（2× 数值孔径），自然光的平均波长按 0.55 微米计算，那么要想看清楚细菌，数值孔径必须在 1.1 以上。当显微镜放大倍数（放大率）高达 1000 倍时，可以用来观察细菌、细胞和昆虫腿等。但如果分辨率不够高，显微镜不能分清物体的微细结构，此时即使过度地增大放大率，得到的也只能是一个轮廓虽大但细节不清的图像。反之，如果分辨率已满足要求而放大率不足，则显微镜虽已具备分辨的能力，但因图像太小而仍然不能被人眼清晰视见。所以数值孔径与显微镜总放大率要合理匹配。一般选用的范围：$500NA<$ 放大率 $<1000NA$。

除了分辨率，出瞳直径也是需要考虑的因素。光线在经过目镜会聚后，会形成一个亮斑，这个亮斑的直径就是出瞳直径。这个亮斑将进入瞳孔，最终投射到视网膜上，因此，这个亮斑越大，我们看到的视野越亮。它代表了显微镜所能达到的成像亮度。同时，这个亮斑只有进入瞳孔，我们才能看得到，因此出瞳直径应该小于我们的瞳孔直径。人类的瞳孔直径在白天大约为 3 毫米，夜晚最大可达 7 毫米左右。我们可以根据日间观测还是夜间观测来选择合适的目镜。

第 III 章

[AR 和 VR，能否延伸人类的视觉？]

- 解密立体电影
- 剖析全息影像
- 索菲解说 VR
- 在被“增强”的世界里
- 穿越时光的旅行

解密立体电影

2009 年末，电影《阿凡达》上映后好评如潮，在世界范围内取得了巨大的商业成功，掀起了立体电影的制作热潮。其实，立体电影技术的发明由来已久，可以追溯到 1915 年，也就是卢米埃尔兄弟 1895 年发明电影之后大约 20 年。此外，在 20 世纪 20 年代有不少立体电影上映，可以说，尽管计算机科技在目前的立体电影的成功中功不可没，但立体电影的基本原理是来自 19 世纪的科学理论。

要理解立体电影背后的秘密，首先要知道：什么是立体效果？人类视觉系统如何感受立体效果？如何制造立体效果？

双眼视觉

早在《阿凡达》问世前2300年，古希腊的大科学家欧几里得就已经发现了双眼视觉和立体视感的奥秘：人的左、右两只眼睛处于脸的两边，之间有一定距离（瞳距），两眼所观察到的物体图像是不同的（它们之间存在像差）。大脑同时接收到来自双眼的两幅画面，对它们进行比较、分析和合并， 让人产生物体距离和景物深度的感觉。

你可以自己试试，假如闭上一只眼，距离感会降低。

大自然中很多动物都有双眼视觉，前提是两眼都位于面部前方（也就是面部双眼视觉），比如猫、猴子、鹰等。双眼位于头两侧的动物（比如牛）会拥有很广的视角，但没有看到立体效果的能力。有些动物（比如椋鸟科的鸟或者变色龙）的双眼尽管位于头的两侧，但是有很独特的改变视向的能力。它们既可以有广泛的视角，又可以有双眼视觉能力，即混合双眼视觉能力（面部双眼视觉+横向双眼视觉）。

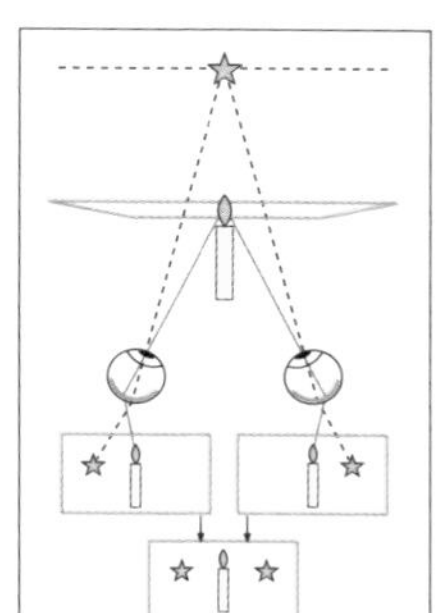

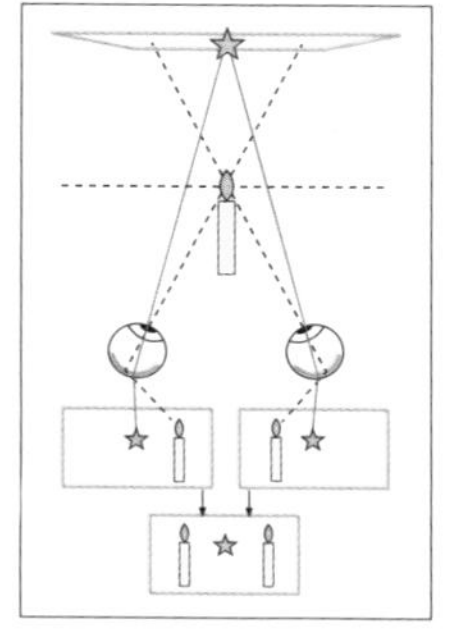

让一颗远处的星星、一支面前的蜡烛和两眼中间的中位点三点成一线，可以体验左、右眼的像差

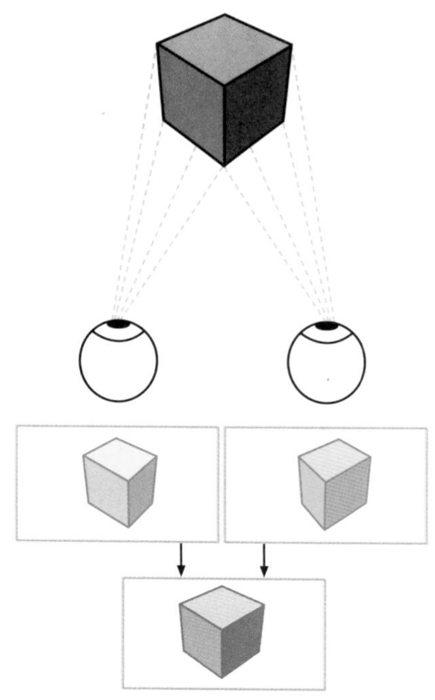

观看一个物体时，左、右眼捕获到的是两幅不同角度的平面图像，经过大脑的处理，变成一个立体图像的感知

欧几里得的发现在很长时间内都没有得到实际应用，几乎被慢慢遗忘。直到15世纪，著名画家、发明家达·芬奇对此产生兴趣，写道：“假如在一颗星星的背景下观看一支蜡烛，我们感觉好像看到两颗星星，如果你闭上右眼，右边的星星消失了。假如你盯住星星看，你会感觉好像这颗星星两侧分别有两支蜡烛的图像，这时候你如果再闭上右眼，右边的蜡烛也消失了。”

无论欧几里得还是达·芬奇，他们虽然从理论上对立体视觉有重要发现，但是这些理论知识的应用直到

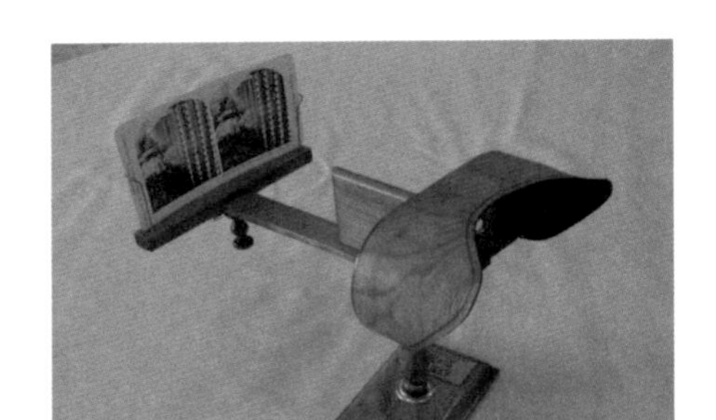

由美国医生、作家奥利弗·福尔摩斯（Oliver Holmes）于1861年发明的立体眼镜

19世纪立体眼镜的出现才开始。

在立体眼镜前放置从两个角度同时拍摄出的同一物体的两张图片，就可以让人产生立体效果。同样，在电影屏幕上放映从两个角度同时拍摄出的影片，然后使用“电影立体眼镜”，我们就可以看到立体电影了。

立体电影

令人难以置信的是最早的立体电影的出现源于一个意外！

19世纪末期，法国魔术师兼电影制片人乔治·梅里爱创立了一家电影制片公司，在短短的20年间制作了500多部电影，这个时期，好莱坞制片业还不成气候，美国影院大量放映英法影片。当时没有很严格的版权监控意识，很多不法进出口商在法国本地购买一部片子后自行复制贩卖到美国。乔治·梅里爱派弟弟去纽约设立电影发行分公司的时候发现了这个问题。应如何应对？乔治·梅里爱想了个办法：拍摄每部影片时，同时使用两部平行排列的摄像机，拍摄两套画面非常接近的片子，一套供法国本地发行，另一套专供美国市场。不了解内情的人基本看不出差别，但是乔治·梅里爱派去暗查的专业人员一看到美国影院里放映的是法国市场版本，就立即知道是盗版。

2010年，法国制片人布隆柏将乔治·梅里爱在1913年发行的影片《预言家》的法美两个版本同时放映，果不其然，立体效果出现了。乔治·梅里爱不仅是早期电影特技的先驱，而且还是最早的立体电影制片人！双机拍摄制作立体电影的方法在今天仍在使用。

1900年巴黎世博会期间，电影发明人卢米埃尔兄弟在改进的活动电影放映机里同时播映两套同样的片子，一套对左眼，另一套对右眼。短片《火车进站》通过这个方法播映，的确可以给人带来立体感觉，不过，播映时每次只能有一位观众通过小窗口观看。

那么，如何才能让多人同时观看立体电影呢？如何将两个不同的画面投影到同一屏幕，同时

1916年，全球首部立体电影《爱的力量》（*The Power of Love*）开始摄制，并于1922年正式公映，这是这部电影使用的立体摄影机

又能让观众的两眼分别看到属于自己的各自的画面？

立体技术

用两部摄影机肩并肩同时拍摄就能够得到有左、右像差的两组影像，两组影像投映到一个屏幕上会产生重影。现在让每个观众都戴上眼镜，左镜片只能通过左放映机的影像，而右镜片只能通过右放映机的影像，这样观众看到的就不是重影，而是立体影像了。

如何一一对应呢？我们知道，用红、绿、蓝三种光就可以组成彩色的影像，而绿光、蓝光又可以组成青光，所以事实上用红、青两种光就可以组成彩色的影像。如果让左放映机放映红色调的影像，右放映机放映青色调的，戴上左红右青的眼镜，那么左、右眼就能够看到对应的左、右机各自的影像了。这里有一个关键点，用到本书第二篇文章的知识，左边的红色信号和右边的青色信号同时进入我们大脑的视觉系统，是由大脑将他们合成一个彩色的影像的。

红青立体眼镜的红色镜片只有红光能通过，青色镜片只有蓝、绿光能通过

在红青分色立体技术出现之后，从 20 世纪 50 年代至今，又出现了很多项技术，都可以达成将左、右两个摄影机拍摄的影像分别送到观众的左、右眼睛里面，其中使用得最广泛的是偏振光技术。时至今日，主流的立体电影放映系统，如 IMAX、RealD，都是采用的这种技术。

偏振原理

光是一种电磁波，电磁波以横波方式传播，即电场与磁场都垂直于电磁波的传播方向。当光传播时，垂直于传播方向的电场可以是 360° 任意方向的。这就好像我们弹吉他的时候手指拨动琴弦后琴弦会振荡一样，这个振荡的方向不是在同一个平面上，而是朝上下左右各方向的。

如果让光通过偏振滤光器（起偏器），这种滤光器只能让在某一平面振荡的波通过，那么，通过滤波器的这束光就是偏振光。

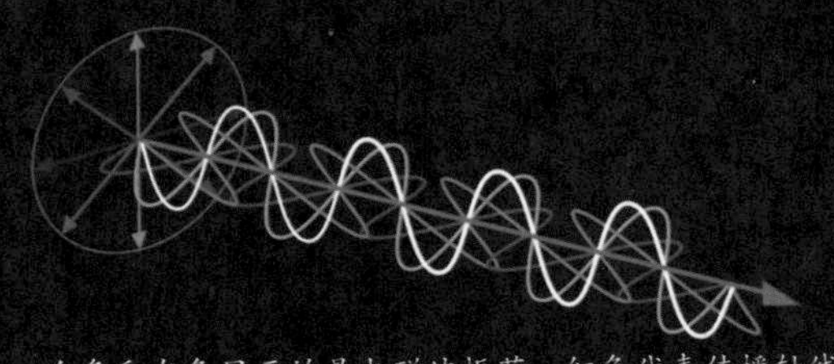

白色和灰色显示的是电磁波振荡，红色代表传播轴线

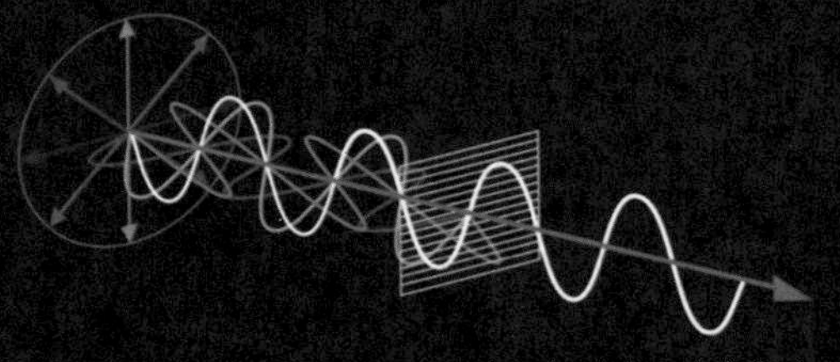

黄色部分是偏振滤光器，它把其他振荡波（灰色部分）“吸收过滤”掉之后，就只剩下在同一平面振荡的光波（白色）了

将偏振原理运用到立体电影的尝试早在 20 世纪 30 年代就开始了，具体做法是：同时使用两台电影放映机投射影像到同一银幕上，每台各配备一个偏振滤光器，两个滤光器成 90°。结果，一台放映机只放映水平面震荡的光波，而另一台放映机只放映垂直面震荡的光波。观众佩戴的立体眼镜的两个镜片也各有一个滤光片，滤光的角度也互相垂直，所以就使双眼分别接收到不同的光波（一边是水平平面震荡的光波形成的图像，而另一边是垂直平面震荡的光波形成的图像）。

因为有一部分光波被过滤器吸收了，所以光的亮度减弱。用这个方式观看立体电影会给人色彩不够鲜亮的感觉。为了弥补这个缺陷，放映时需要加强光源亮度。

左、右两个镜片垂直交叠，交叠的地方光线完全不能通过

另外，利用偏振滤光原理放映立体电影必须使用金属屏幕，这是因为金属表面可以在反射光线的同时仍维持光波偏振现象，而普通的白色纺织物材料的屏幕在接收到放映机发来的光波后，光线会发生随机不定向的散射，从而抵消了光波偏振效果，观众就感受不到立体感了。

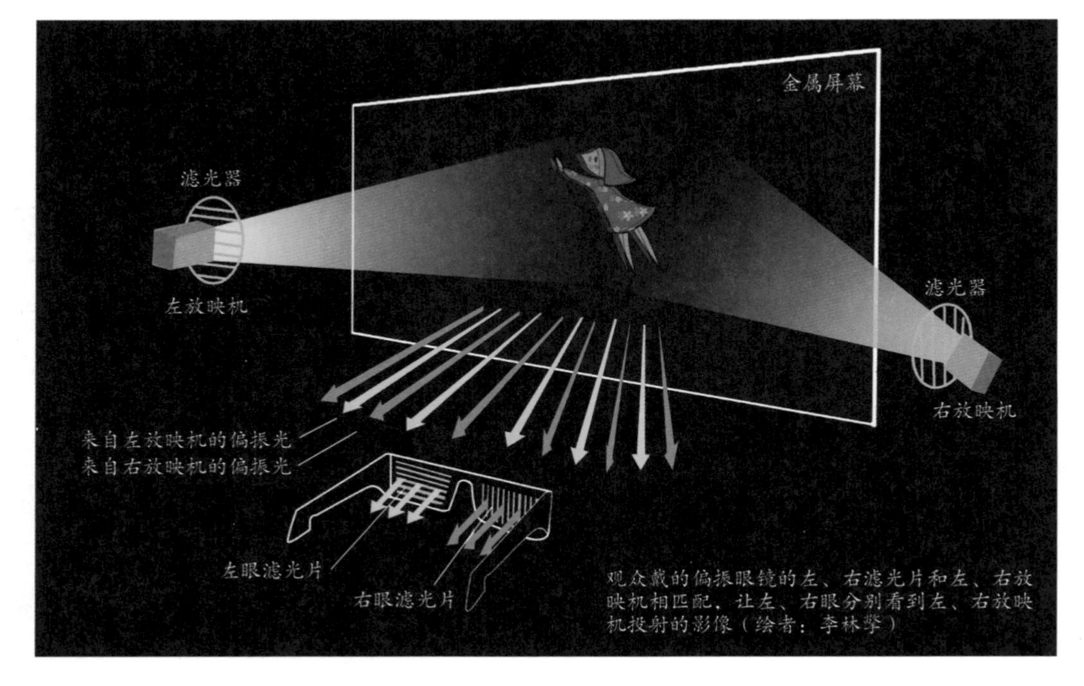

观众戴的偏振眼镜的左、右滤光片和左、右放映机相匹配，让左、右眼分别看到左、右放映机投射的影像（绘者：李林擎）

IMAX 3D 和 realD 3D大比拼

选择立体电影院，最常听到的是 IMAX 和 RealD。我们不妨先听听双方的粉丝评论，再做出选择。

IMAX 粉丝

IMAX 放映机灯箱的功率很大，人的肉眼可以看见它在月球上发射出的光点。

IMAX 屏幕所占视野大多了，即使它不是 3D 的，也可以产生很好的沉浸感。

眼镜通常更大，覆盖更宽的视角，它的线性偏光镜立体效果更好，比起圆偏光镜，能让更多的光通过。

专门为 IMAX 影院设计的声源均衡喇叭系统使影院内每个地方的音量和音质完全相同，它的超低音频低沉震撼。

IMAX 是专利技术，与其他系统不兼容，IMAX 影厅只能放 IMAX 影片，因此 IMAX 要贵得多这也是常理，效果好呗，质量有保障。全世界的 IMAX 都是最棒的放映系统。

RealD 粉丝

IMAX 虽然屏幕大，音响震撼，但是对我们追求完美的人来说，它的屏幕确实有一点点的颗粒。

IMAX 线偏振的缺点就是戴着眼镜不能歪头，一歪头立体效果就会消失并且出现重影。采用圆偏振的 RealD 就没有这一缺点，你可以放心地让身旁的姑娘枕在你肩膀上。（RealD 眼镜左、右镜片分别接收顺、逆时针两种圆偏振光）

看过 IMAX 再来看 RealD，感觉 RealD 画面就是完美。虽然屏幕比 IMAX 肯定是小了一点，音效上对心脏的震撼作用稍微小了一点，但是综合分还是高一点。而且，不用转动你的头就可以看到整个屏幕，不会头晕。

RealD 票价便宜啊。

双面粉丝

RealD 和 IMAX 都采用无源 3D 技术，眼镜都很轻便。

如果你有时间和金钱，那么同一部电影两边都看看，每一边都有独特的体验。如果你只想看一次，而且你的健康状况能够承受冲击，请去 IMAX 影院；如果你是一个追求细节的人，那么去 RealD，即使你以前看过，你也可以在这里看到更多的细节。

如果你担心立体电影会导致头晕，请选择一个剧院后面的、尽可能靠近中心的座位。

你仔细观察偏振眼镜可以发现，如果戴眼镜的人端正地坐着，那么一个镜片的偏振线是横的，而另一个是竖的，这刚好能让偏振光通过。如果戴眼镜的人的头歪着，这时候通过镜片的光就会左、右混乱，出现重影。为了解决这个问题，就有了圆偏振镜片，戴这种镜片看电影时头歪着也没有问题，RealD 采用的就是这种眼镜。

数码时代的立体电影

20 世纪末期，计算能力强大的新一代集成电路芯片出现，并开始普遍进入电视、电脑和视频投影仪的配置，伴随而来的是新的立体影像技术的出现。

左、右眼影像交替到达眼镜，当左眼影像到达时，左眼镜片变透明，右眼镜片不透光，反之亦然

SONY 的分时遮光液晶眼镜

我们把立体电影技术分成三类：分色、分光、分时。红青眼镜采用的是分色技术，偏振眼镜采用的是分光技术，而很多新的数字立体电影采用的就是分时技术。

采用偏振光技术的立体电影在放映时需要两部放映机同时放映，每部放映机放出 24 帧 / 秒的影像。那么如果把电影的帧数提高到 48 帧，并分成两个 24 帧，分别放左、右眼的影像，左、右眼影像帧与帧之间交替放映（比如单数帧放左眼，双数帧放右眼）。这种情况下，观众佩戴的是液晶立体眼镜，通过无线电信号与放映机同步，当左眼的影像到达时，眼镜的左眼镜片可以透光而右眼镜片不能透光，当右眼的影像到达时则相反。由于交替速度非常快，观看者感觉不到这个交替过程，只感觉看到了连续的两组立体影像。

这类液晶立体眼镜使用电信号控制，所以需要有电池，被称为主动型立体眼镜；而色差眼镜和偏振光眼镜不需要电源，被称为被动型立体眼镜。

前面说的是将 48 帧分成左、右两个 24 帧。事实上，一些立体电影拍摄的每秒帧数已经远超过这个数字，这样会让影像效果更加逼真。这种分时的技术也可以用于立体电视或者用电脑观看立体视频。

现在在家里配置3D播放机和3D电视，就能享受立体电影；给电脑配置3D显卡和更新频率在120Hz以上的显示器，再加上主动型立体眼镜，也能打3D电子游戏了。

上面所提到的影像无论是由机械摄影机拍摄还是由数码摄影机拍摄，都需要戴特殊的眼镜才能看到立体效果。能否不戴立体眼镜就能看到立体效果呢？能！在2016年的美国消费电子展（CES）上，已经有一些效果很好的裸眼3D电视出现。

如果把屏幕做纵向切分，每一列只有大约十分之一毫米宽，覆盖一层透镜阵列网（一层表面带有弯曲细槽沟的透明薄膜），每个条纹都形成一个垂直微透镜，让左、右眼可以各自看属于自己一边的细条纹。出现在屏幕上的图像也分成竖条，左眼图像切分出的条和右眼图像切分出的条交错混合，以此组成一个新的单一图像，叠合在针对左、右眼的屏幕条上。采用这个技术制作的立体视频不需要佩

3D纪录片《探秘宇宙》（*Hidden Universe 3D*）的导演在用IMAX摄像机进行拍摄

戴立体眼镜观看。这项技术需要有强大的计算能力的支持才能达到即时效果。而且，一定程度上受到观众座位角度的限制。不过，最新的机型已经能够智能地定位观众的眼睛位置，进而通过调整透镜组位置来解决这个问题。

前些年，立体影视成为众人关注的热点，不过仍然没有成为电影的主流，只是成为电影制片人员的一种艺术创作风格选择，电影院仍以传统的2D影片为主。真正将主流大片引入立体电影的是詹姆斯·卡梅隆的《阿凡达》。而近年来，大规模的、复杂的表演捕捉和电脑动画成为电影表现的重要手段，也让立体电影成为更普遍的选择。通过人工智能系统将经典的老电影转换成立体电影也是一个很有意义的3D技术应用。

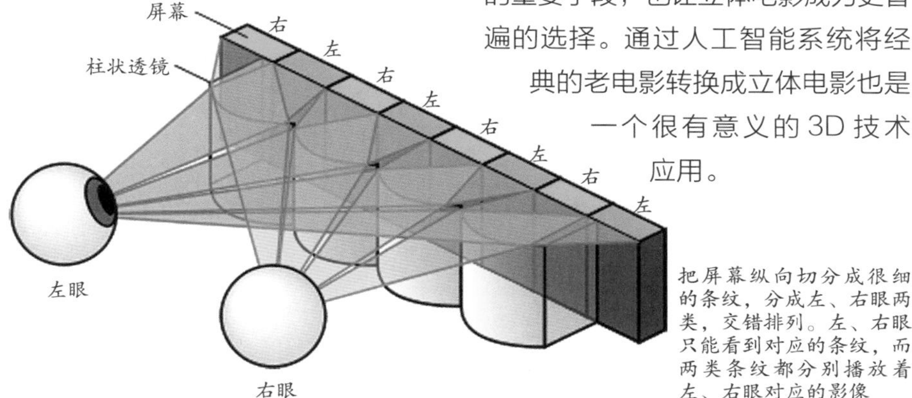

把屏幕纵向切分成很细的条纹，分成左、右眼两类，交错排列。左、右眼只能看到对应的条纹，而两类条纹都分别播放着左、右眼对应的影像

剖析全息影像

我们一直在寻求真实地表达现实的方式：油画、版画、雕塑、摄影、摄像……

不过，这些形式都有一个致命的弱点，它们的记录媒介，如画布、雕塑的石膏、底片，等等，一旦发生撕裂、残缺，就不能显示出原来表达的景物的全貌了。比如摄影，一张照片如果被撕成两半，就彻底毁了。这是因为普通照片的拍摄是将物体影像通过光学镜头进行透射，并成像在底片上，物体上的每一点与底片上的每一点是一一对应的。

盖博·丹尼斯（Gábor Dénes）于1947年发明了全息摄影，并由此于1971年获得诺贝尔物理学奖

那么，有没有一种再现景物的媒介可以突破这样的定式呢？比如，我们只需要剪下摄影底片的一个小局部，就能够还原拍摄物体的全部。

有，这就是全息摄影。

全息摄影

全息摄影的英文是Holography，这个词来自古希腊语中的两个词：holos，意为全部；graphy，意为书写、表现。顾名思义，

Holography 就是表现全部的信息的意思。那么对于一个物体的影像来说，“全部”指的是什么呢？

比如一张 10 平方厘米的全息胶片，当胶片受损只剩下 1 平方厘米时，这 1 平方厘米仍可以再现物体的全部图像。我们可以从下图全息摄影和传统摄影光路的区别，来理解这种奇特的“全息术”。从下图可以看出，被摄物与胶片之间没有摄影镜头的存在，所以有人说，全息摄影是无镜头摄影。

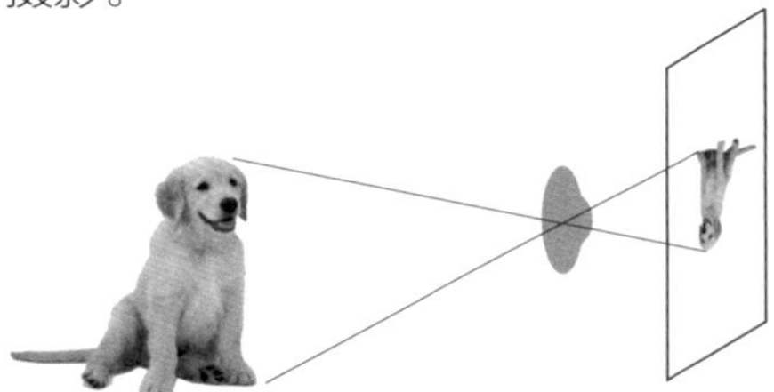

传统摄影，影像通过镜头投射在胶片上，胶片上的一个点对应影像的一个部位

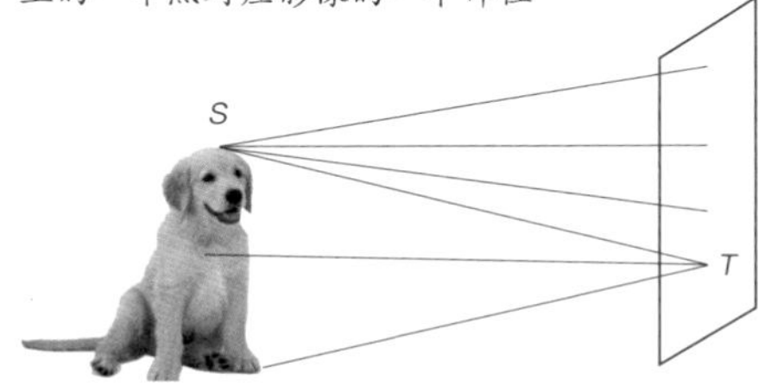

在全息摄影里，物体上任一个点（比如 S 点）散射的光抵达底片上任何一点；底片上的任何一点（比如 T 点）都接收物体上所有点的光，并通过特殊的方式叠加记录这些光的信息

在上图中，物体上任一个点（比如说 S 点）发出的光可以抵达底片上任何一点，并在各个点上被一种特殊方式记录下来，因此，底片上的任何一点都留有 S 点的信息。推理下去，底片上的任何一点都留有物体上所有点的信息，因此，不论全息图片残留多少，都可以从中看到物体的全部图像。

除了一个局部可以还原物体全部的图像，“全部”还包括了更重要的信息：光的相位。

我们使用传统相机进行拍摄时，物体发出的光通过镜头，被投射在感光胶片上。胶片的某个位置，记录的是对应的物体某个部位的亮度。我们看照片时，觉得很完整，但其实我们只看到了物体的明暗，看不到物体表面的凹凸感以及物体之间的前后距离。事实上，投射到胶片上的光线，已经包含了物体表面的凹凸感等信息，只是我们的传统摄影设备不能分辨罢了。

从物体表面发出的反射光到达某一个位置时都有一个对应的相位（我们简单地用正弦波来做示意），物体表面两个点发出的两束光，到达同一个面上时，由于光程差异，有着相位上的差别

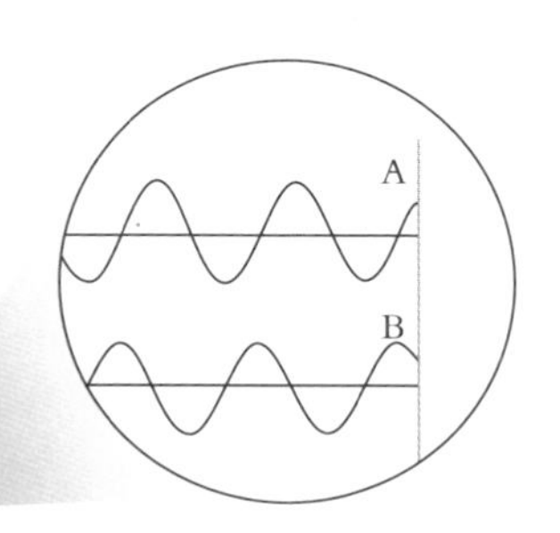

A
B

这些信息就是光线抵达胶片时的相位数据。如果我们的设备既能够辨别光的强度，又能够辨别相位，并且能够让胶片以某种方式记录下来，那么当我们从胶片再现影像时，我们的眼睛看到的就是有凹凸感、深度感的全息影像了。

现在的关键点，就是怎么让原本不能感受光相位的感光胶片能够记录光的相位信息。

全息照片的摄制

摄影感光胶片之所以能够记录物体的影像，是因为当光线照在物体上，物体反射的光线到达胶片，让胶片感光。全息照片的摄制，就是要想办法将光线的亮度和到达的相位信息同时记录在摄影胶片上。

我们知道，两列相干光相遇时会产生干涉，干涉的波在某个平面上会产生明暗相间的条纹，如果其中的一列是作为参考的光波，特性是已知的，那么，干涉条纹的特征就取决于另一列光波的亮度和相位。这意味着，我们可以制造这样的干涉，然后记录干涉条纹，来间接地记录另一列光波所携带的亮度和相位信息。重要的是，传统胶片刚好能够记录干涉条纹。

激光是典型的相干光，是制造干涉最好的光源。从下页中的示意图我们可以看到，一束激光经过一个半透

Lambda 全息摄影套件，主要是激光器、分光镜和支架（图片来源：Lambda）

明的镜子，被平分为同样性质的两束光：一束穿过发散透镜后直接前往全息胶片处，另一束经过发散透镜抵达被拍摄的物体（小狗），然后被物体反射后再前往全息胶片处。两束相干光发生干涉，干涉的明暗条纹被感光胶片记录下来。

这里只是简化地标出 P_1 和 P_2 两个点的状况，这两个点的光可以到达胶片的任意一点，如 R_1、R_2。真实的物体（小狗）当然不止这两个点，小狗身上的所有点都和 P_1、P_2 点一样可以将光线反射到胶片的任意一点。同理，胶片上每一点都记录了所有物点发出的光波产生的干涉条纹。

要特别注意的是：物体一个点反射的光，到达胶片各个部位的距离是不一样的，这个光程差体现在抵达点光的相位的差异上，而相位差异决定了各个部位的干涉条纹的不同（如条纹间距大小），这些信息都被胶片记录了。

需要理解的关键点是：胶片某一点记录的并不是单一的条纹，而

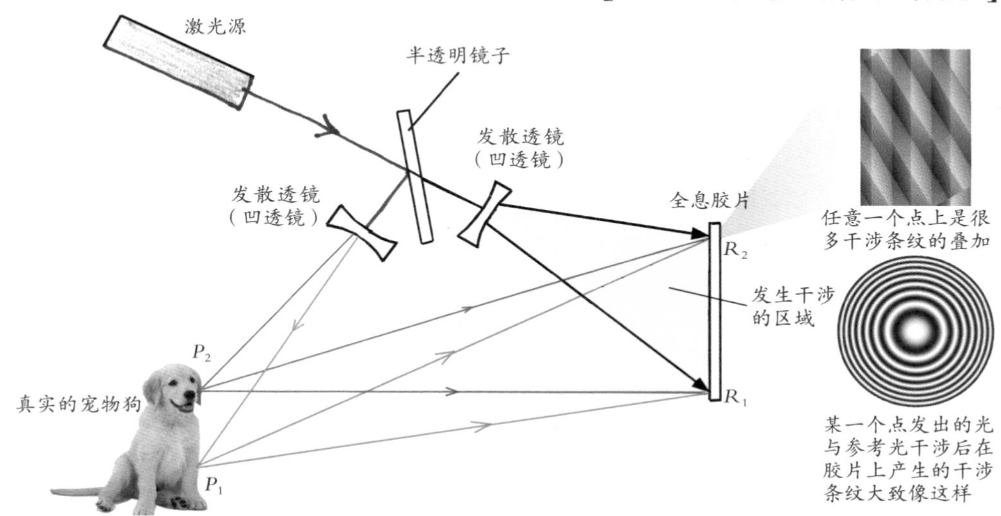

一束激光被平分为两束：一束直接到达全息胶片；另一束照射在被拍摄的物体上，被物体反射后再前往全息胶片。两束光在相遇时发生干涉，干涉的明暗条纹被感光胶片记录下来

光波的干涉和相干光

我们先用大家容易理解的水波来看波的干涉现象。

先设想一个平静的水面，我们将钓鱼竿的线系上一个木塞，木塞浮在水面上，你抖动鱼竿，木塞的运动会产生环状水波。我们在环状水波扩展的途径上放置一块有两条缝隙的隔板，水波穿过缝隙后会形成两组新的环状波，这两组环状波相遇会产生一种叫作干涉的现象。现在我们在产生干涉的这一面放入一个木塞，我们发现木塞在某些位置会随水波上下运动，而在另外一些位置却静止不动。这些运动和静止的区域是有规律地交错出现的。

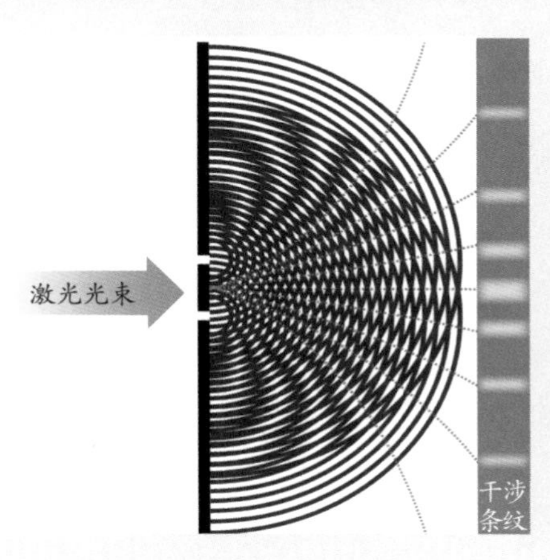

光有波动性，也会产生光波干涉现象，因而也会有光强和光弱的区域交错出现。如果让产生干涉的光投射在一面平板上，我们就可以看到明暗相间的条纹。

要想让光产生干涉，就要对两束光的波长和相位进行严格要求，能够产生干涉的光叫作相干光。到了20世纪60年代，伴随激光发明，人们可以容易地获得相干光的光源。激光是典型的相干光。激光光子就好像一批“克隆”士兵，步伐一致沿着同一方向前进，这就是单色性和定向性的特征。

是从物体各个点过来的光在这里与参考光干涉所产生的很多干涉条纹的叠加。一张全息图的信息量相当于100~1000张普通图的信息量。

摄制全息照片需要有专门的设备，并经过严密的光路调试，而且设备必须非常稳定，制作时任何设备的微动，甚至气流、声波的干扰都会造成干涉条纹模糊。对感光胶片的要求也很高，拍摄要用特制的高分辨率胶片。

在显影和定影后的全息胶片上，你丝毫看不出物体的形象，如果用高倍数显微镜看，看到的是密密麻麻的条纹。因为一种特殊的"编码"把物体光线信息"冻结"起来了。而解码的钥匙就是原来摄制时所用的激光光束。

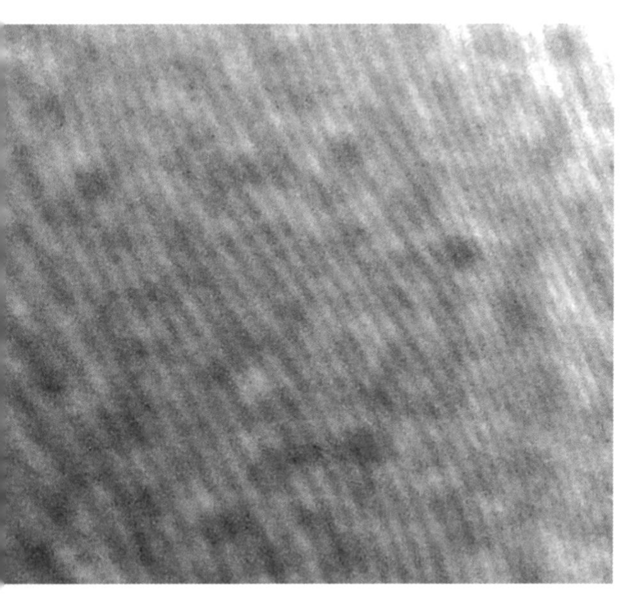

在显微镜下看全息胶片，只能看到密密麻麻的各种条纹

全息摄影的影像呈现

把跟最初摄制时所用的激光束颜色相同的激光束按照原来拍摄的方向照射到底片上，"奇迹"出现了。

当激光束照射全息胶片时，胶片上的干涉条纹就如一个个微小的光栅，光线穿过光栅的透明条纹时产生衍射。衍射光射向四面八方，包括射入位于这一侧的我们的眼睛。

无数微小光栅产生的衍射光非常复杂，这些光线进入观察者的眼睛，会聚成像。最奇妙的是，在观察者看来，这样的光学过程产生的衍射光的方向和原来小狗所处位置传来的光一致，给人感觉好像接收到了来自小狗

光的衍射

波在穿过狭缝、小障碍物后会发生不同程度的弯散传播，这就是衍射。我们看到平行水波涌向带有狭缝的隔板时，有一部分会穿过缝隙，每个缝隙就好像是新的点波源，产生环形波，环形波向四面八方前进。光波也产生衍射，光由于衍射而改变传播方向，改变的角度大小取决于狭缝的大小尺度。尺度越小，方向改变的角度越大。

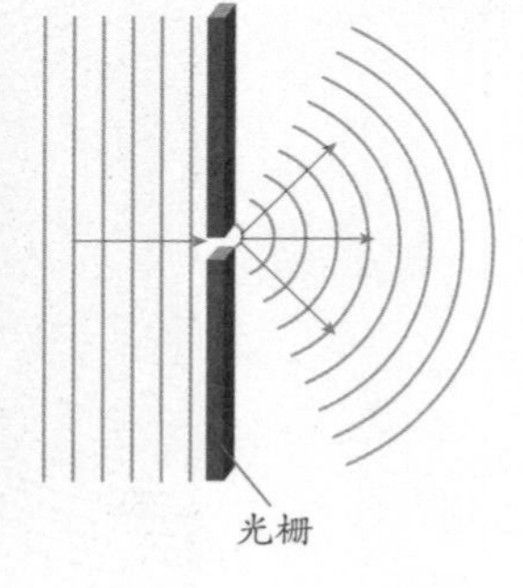

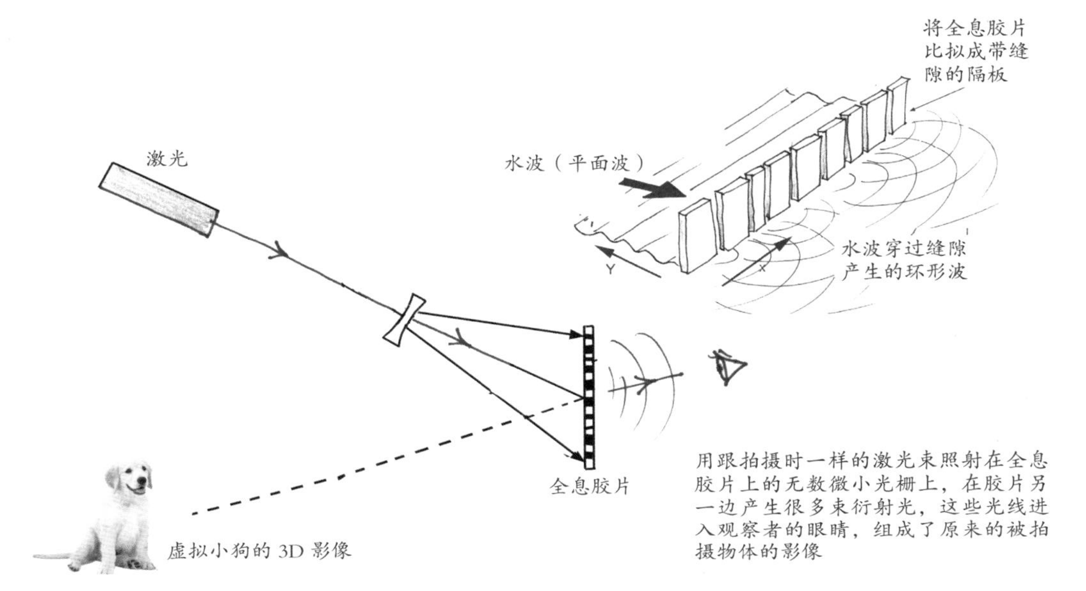

用跟拍摄时一样的激光来照射在全息胶片上的无数微小光栅上，在胶片另一边产生很多束衍射光，这些光线进入观察者的眼睛，组成了原来的被拍摄物体的影像

所处位置的光波，组成了原来的被拍摄物体的影像，也就是看到了在那里的物体（小狗），这个小狗当然不是真实的，而是真小狗的全息影像。

射入左眼和右眼的衍射光是不一样的，就如我们双眼看到的物体的差异一样，刚好让人产生了立体感。而当我们变换观察角度，衍射光又有了相应的变化；通过不同的方位观察全息摄影胶片，可以看到被拍摄物体不同的面，由此让人产生有别于3D偏振镜成像的更加逼真的立体感觉。如果影像是前后放置的两个平行物体，那么当我们改变观察方向时，就可以看到被前面物体遮盖的后面物体慢慢地露出来。

我们不能指望用剪下来的一小块胶片就看到清晰的立体物体。这是因为，虽然胶片上的一个点就可以再现全部图像，但是以此还原的图像亮度很低，看起来非常暗弱、缥缈。全息胶片的面积每增大一点，图像就会清晰一些，没有任何缺损的全息摄影胶片呈现的才是亮度真实的、逼真的物体。

观众在欣赏全息摄影作品时，往往会慢慢变换观看的位置，在同一张照片上，看到被摄人或物体左、右、上、下等各种角度的影像

虽然激光的特性之一是单色光，但彩色全息投影还是可行的，只不过需要使用蓝、绿、红（三基色）

3 个不同颜色的激光源。2020 年 11 月，《自然 - 通讯》（*Nature Communications*）杂志发表了关于一款超薄交互式全息投影显示屏的最新研究，可以实现让观众从多个角度观看高分辨率的 3D 视频，该技术有望让全息全彩视频更好地集成到移动设备中。

广义的全息

全息摄影是如此美妙，科幻电影利用这种效果，营造了很多炫酷的场景，科学家也一直在不懈地努力，要让这些场景在我们的现实中实现。

全息的名头大了以后，“全息”这个时髦的名词近几年来也常常被借用，比如用大范围投影产生的一些有视觉效果的场面，就被冠以全息图（Hologram）的名称。

比如在纪念已逝歌星吉米·亨德里克斯（Jimi Hendrix）的音乐会上，亨德里克斯的历史录像通过投影仪和两个反射镜，被投射到台上一个呈 45° 角的半透明屏幕上。观众可以看到屏幕上的亨德里克斯，又可以透过半透明的屏幕，看到屏幕后面的其他乐手。由此产生了亨德里克斯和真实乐手同台表演的动人场面！

投影仪
反射镜
虚拟影像
半透明屏幕
台上的真实表演者
反射镜

“全息”音乐会的光路示意图（绘者：李林擎）

2017 年的法国总统大选，总统候选人让 - 吕克·梅朗雄（Jean-Luc Mélenchon）也使用这个方法同时在 6 个城市开展宣传会。梅朗

在 2017 年举行的法国总统大选中，总统候选人让 - 吕克·梅朗雄“同时”出现在 6 个城市的分会场，他的影像和台上真实的人群融汇在一起，在台下的观众看来，他就像出现在会场中一样

雄身在里昂分会场进行演讲，他的演讲过程经过录像后通过卫星即时发送到另外 5 个分会场，然后录像信息通过安装在地上的投影仪投射到台上的半透明屏幕上。台上的背景是全黑的，当投射到台上真实的人身上的灯光让台上人的亮度和投射到屏幕上的影像的亮度接近时，从视觉上他们就如在一起一样。由于台上的其他人是实际存在的，因此，台下的观众产生了梅朗雄也实际出现在这里的感觉。

这是世界上第一次总统候选人在同一时间“出现”在各地参加竞选活动，不仅在法国产生了极好的宣传效果，也在全世界范围内引起一个小轰动。

今天，虽然我们几乎每个人的身上都带着包含有全息技术的物品，比如银行卡、身份证等，但与其他的新技术相比，全息技术的发展历经坎坷。要知道，这项发明于 20 世纪的技术，已经经过了七十几个年头。不过，随着激光技术和人工智能的发展，21 世纪将会是全息这种古老技术焕发青春的时代。

根据 2015 年的一则报道，科学家利用极短暂的激光在空气里产生的等离子体，已经营造出空间影像，这种影像可触摸，并且可以产生触感。从这一点上，我们很容易想象到科幻电影中存在于三维空间里的可触摸影像，看来这样的美妙情景很快就会实现了。

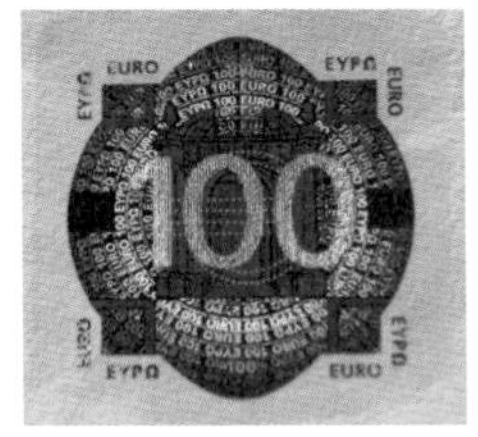

为了防伪，银行卡、护照、身份证等都配有一个“全息”图标，这种图标可以在普通光线下被呈现

欧元上的全息图

索菲解说 VR

从工程师的角度看感知

没有什么问题是没有答案的，兰图尔的问话就是最好的证明。

兰图尔：索菲，你有没有想过，为什么当你移动眼睛、脑袋或跑步的时候，外部的世界是不动的？尽管你在运动，但你的感知告诉你：世界是静止的。这是怎么回事呢？

鸟：我们的眼睛是如何做到这一点的呢？

索菲：你确定这仅仅是眼睛的缘故吗？

想想看，如果用一只眼睛感知世界是什么样的感觉？你有没有想过，为什么你的目光是来自两只眼睛而不是三只、七只眼睛？为什么你有两只耳朵，而且沿中线对称，而不是三只耳朵，或者两只都在同一侧？从这些你可以推想，我们自我的三维感知体验跟感官系统的分布结构有很大关系。

鸟：噢，是的，这点我知道。实际上，拥有两个一样的感觉器官可以经历很多有趣的事。拥有两只翅膀和拥有两条腿也一定有很多说法。

索菲：的确，因为有两只耳朵，那么出自同一既定声源的声音到达每只耳朵的时间就会有所不同。两只耳朵接受的声音在时间上的差别可以让

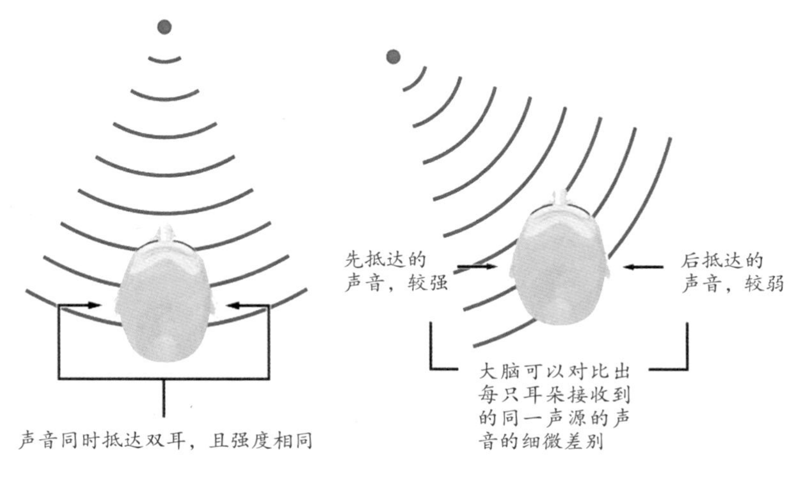

两只耳朵的协作可以帮助判断出声音的空间源头

人判断出声音的空间源头；视觉之所以可以判断深度也是由于基于视差的估测。

那么，你是如何在感知外界稳定性的同时感知自己身体正在向前移动的呢？这是一个不容易理解的问题。

你身体的运动是由你的关节和身体连接处的传感器跟踪记录的。这种感觉叫作本体感觉，和视觉系统没有相互影响，你无须查看就知道你的手是抬起来的，不用照镜子也能用手摸到眉毛和鼻子。人的外界稳定性的感知不仅仅来自眼睛，还涉及其他感官系统。

一个值得考虑的概念就是行动感知周期。当你在运动或单纯是在和环境互动，同时感知环境的时候，你的大脑也同时在工作。

你感知到的画面不是一个从外界到你大脑的被动流动，而是一个主动估测，甚至是预测的结果。这种预测在运动开始之前就已经形成并发送到相应的感官系统了。

兰图尔：你是说，一旦运动神经系统选定一个动作，比如，向前走，向右看，抬起头，拍打翅膀……就会有一个预测信号发送到所有的感官系统中，而且这个信号将会预测这一动作对感官的影响？比如，鸟拍打翅膀，会有怎样的视觉流？但是之后呢？这样做有什么用呢？

索菲：这样可以节省时间、精力，以最佳的方式监督运动。想象一个食肉动物在追捕猎物。自身运动（头、眼睛、身体、四肢等的运动）对感官影响的预测，被解读到视网膜坐标中，然后从视网膜的实际感觉结果中减去。最终的感知往往和没有预测一样。如果预测完美，你不会感觉到任何变化。

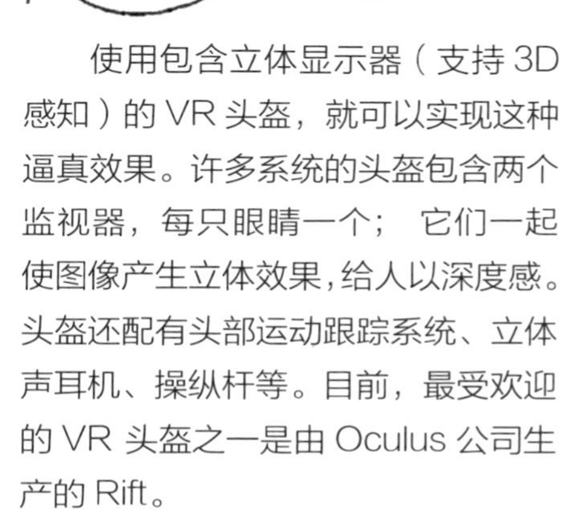

鸟：你是说，我的视皮层感觉到的结果是预测信号和实际感官输入信号的差别？

索菲：是的，似乎是这样的。

鸟：如果预测信号是错的呢？

索菲：如果预测是错的，你首先会感到惊讶。然后你会根据情况，改变身体姿势、力量或方向。如果你在努力逃脱追捕者，那么最坏的结果就是你可能会摔倒、死掉。如果你只是在飞翔，那么你可能会感觉到恶心。

从行动感知周期到虚拟现实

索菲：虚拟现实（VR）实际上是计算机科学、人工智能、神经科学（脑科学）、实验心理学和物理学交叉地带的一项新技术和研究领域。

如今，它还指通过计算机模拟创建的交互式 3D 环境——这也是我们称其为“虚拟”的原因。但是，它产生的体验非常逼真，接近我们真正的感知体验，人们几乎可以称其为“现实”。

使用包含立体显示器（支持 3D 感知）的 VR 头盔，就可以实现这种逼真效果。许多系统的头盔包含两个监视器，每只眼睛一个； 它们一起使图像产生立体效果，给人以深度感。头盔还配有头部运动跟踪系统、立体声耳机、操纵杆等。目前，最受欢迎的 VR 头盔之一是由 Oculus 公司生产的 Rift。

头盔是处理来自头部跟踪器的输入，并将输出发送到显示器的装置。这里就要用到我们提到的感知规律——Oculus Rift 头盔正在模拟实际存在于你大脑中的机制。

当戴着头盔的你开始运动，你走路、跑步、掉过头看后面，显示器视野中的景物也在做即时的变化。你转头往后看时，视野中的景物也做 180° 的变化。这就使得我们可以出现在一个还原生活空间大小的虚拟世界里面。

为了达到完美的效果，VR 头盔

Rift 头盔的传感器

这款头盔具有运动传感器和方向传感器，采样频率高达 1000 赫兹——这意味着你的运动每秒被捕获 1000 次！这足以极其精确地展示你的动作，并进一步预测你的感受。 来自传感器的不同数据通过叫作传感器融合的过程发送到计算机模拟器。 然后模拟器通过急速刷新视频图像，将信息发送给头显 。

传感器组件至关重要，那它有哪些要素呢?

基于陀螺仪的特性，陀螺仪传感器可以检测转动运动和方位变化。

为了解陀螺仪的主要特点，需要想象它存在于一个透明的盒子里。如果陀螺仪最中间的转子高速旋转，不论你以何种方式转动盒子，转子的轴线都保持不变。有了这个不变的轴线作为参照的标准，周边任何物件（比如盒子）的方位改变都可以检测出来。它可以帮助检测角度变化，从而计算旋转运动。

陀螺仪传感器只能检测方位的变化，不能检测速度的变化，因此，我们还需要一个加速度计，用来检测沿着给定轴的加速度。

我们仍然假定加速度计存在于一个透明的盒子里，假定盒子朝 y 方向做加速运动，那么在 y 轴上的质量块就受到惯性力作用向相反方向做相对运动，通过相关联的电位器就可以测量出质量块的位移量，由此推算出盒子的加速度。

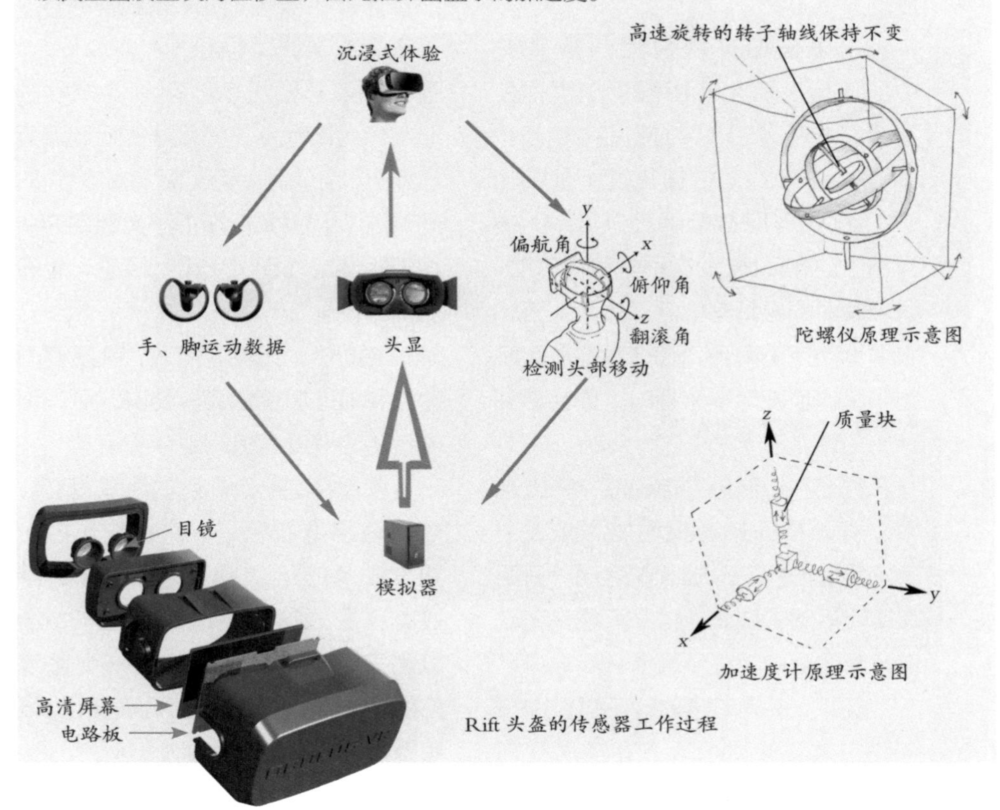

Rift 头盔的传感器工作过程

差别。相对于人工智能电脑的电子电流，大脑使用的离子电流要慢得多。大脑的时间尺度是毫秒，这意味着当神经元发出冲动后，它必须等待至少 1 毫秒才能再次发出冲动。

使用特制的运动传感器和方向传感器，包括陀螺仪、加速度计和磁力计。他们每 1/1000 秒都在捕捉和分析你运动的速度、方位和加速度！

来自所有 3 个传感器的数据通过称为传感器融合的过程相结合。根据这些数据，一个程序，即一个模拟器，就可预测你应该看到什么，并进行相应的显示更新。

如果虚拟环境包括一段森林中的漫步，那么你视野中的树木位置会在你每次移动时都进行更新。Oculus Rift 头盔的逼真度不仅归功于 1280×800 像素的高分辨率，也得益于动态环境的时间分辨率。如果显示画面的更新与你的肢体、头部和眼睛运动完美同步，那么当你从大峡谷悬崖的顶部向下俯视时，你会感到恐高头晕。

兰图尔：但是，你说过，在大脑中，预测信号在动作发生之前就发出了。头盔设备不跟踪大脑活动，只跟踪实际运动。那么，信号只能是在动作开始之后才能发出啊？

索菲：说得非常对。不过，你没有考虑大脑速度和人工智能速度的差别。相对于人工智能电脑的电子电流，大脑使用的离子电流要慢得多。大脑的时间尺度是毫秒，这意味着当神经元发出冲动后，它必须等待至少 1 毫秒才能再次发出冲动。

用户操作与虚拟环境刷新之间的滞后称为延迟。飞行模拟器的研究报告称，人类视觉系统可以检测到 50 毫秒的延迟，而听觉系统可以检测到更短的延迟。当用户发觉延迟时，他就会意识到自己处于虚拟环境中，沉浸感即被打断。

此外，重要的是，Rift 头盔使用的是具有非常高的时间分辨率的有源矩阵有机发光二极管（AMOLED）显示器。它们可以在不到 1 毫秒的时间内切换颜色，而最好的标准液晶显示器（LCD）更改像素颜色的时间长达 15 毫秒。增加了灵敏度的头部追踪器足以创造一个沉浸感十足的逼真环境。

兰图尔：抱歉，索菲，我还有问题。我们的眼睛也会转动啊，可是你的传感器并没有检测眼球的运动。

索菲：这一次你说的还是对的。但因为视觉信息是以广角显示的，所以眼睛的运动就不太重要了。不过，就因为这一点点的不完美，所以用户有时会感到恶心。一个比较新的叫作 Fove VR 的头盔就能够跟踪眼球运动。

实际应用和未来研究

鸟：除了视频游戏玩家，还有谁在用这种设备啊？

索菲：VR 在需要模拟危险环境的领域（航空航天、驾驶、军事）以及研究领域中均有应用。

军方支持和开发 VR 技术已经有很长一段时间了。他们的培训计划包括方方面面，从车辆模拟到小组战斗。与其他培训方法相比，VR 系统更安全，从长远来看成本更低。经证明，与在传统条件下受过训练的士兵相比，经过全面的 VR 训练的士兵具有同等的战斗力。

外科医生还可以通过使用机器人设备进行远程手术。2001 年，法国的一家医院进行了第一次远程机器人手术。

一些建筑师创建了他们设计的建筑的虚拟模型，以便大家在动工之前就可以初步了解建筑结构。客户可以在建筑模型的内外走动，问一些问题，甚至对设计提出更改建议。

兰图尔：有了 VR，我们可以生活在两个世界里，这太好了。

索菲：为了让虚拟世界更真实，还有很多技术难点需要攻克，包括运动跟踪的灵敏度和速度，执行感官预测的软件的质量（最基本的，模拟器的数学模型必须是智能的），以及显示更新像素的速度——延迟越短，体验越好。

目前，VR 领域面临的最大挑战是如何进一步减小延迟。通过开发更敏感、更快速的跟踪系统，预测用户感知更好、更快的算法，以及能够立即更新其像素的显示器，就可以减小延迟。

科学家正在探索开发 VR 使用生物传感器的可能性。生物传感器可以检测和破译神经和肌肉活动。使用适当校准的生物传感器，计算机可以破译用户在物理空间中如何移动，并将其转换为虚拟空间中的相应运动。

在被“增强”的世界里

增强现实（Augmented Reality，缩写成 AR）技术现在经常出现在新应用和描绘未来的影片中。据科学家预测，它几乎可以出现在你未来生活的任何角落，能把电子信息和现实结合，让你看到一个更有层次的世界。

这是不是 AR？

现在，即使你没有天文望远镜，也可以真切地看到遥远的行星；即使你身在北半球，也可以饱览南天的星座。你需要做的事情，只是拿出手机或平板电脑，下载一个应用。打开这个应用，将你的手机或平板电脑指向任意方位，这个方位上的真实的星空便会呈现在你的设备屏幕上，哪怕是在白天！这款叫“星图”的应用程序具有增强现实的功能。

那么，它是怎么“增强”我们看到的“现实”的呢？当你打开这款应用时，你手机系统内的指南针会进行校准，它会和手机中的定位

星图的应用（背景是有云雾的天空）

系统以及重力系统一起准确定位，模拟出你的视角。当你将设备对准星空的某个方位时，就算天空上乌云密布，或者遇到雾霾天气，设备屏幕上都会呈现这个方位上的星星。你的手机仿佛变成了一架迷你天文望远镜，而这架“天文望远镜”还提供了搜索功能，你可以调出对应星系、星球的注释和说明。

这个增强现实的应用，是利用现有设备，获取你的位置、视角等信息，然后调出星图数据库中对应的星空图像。这些图像也确实是由先进的天文望远镜或探测器拍摄的，因为与你所在的实际地点相联系，所以就像是自己亲眼看到的一样。

除了星图，这一类的应用已经随处可见。一些博物馆和科学中心将增强现实的手持设备应用在展览品上。加拿大多伦多市的皇家安大略博物馆就在恐龙骨骼化石的周围配备了许多iPad，只要转动这些iPad，将摄像头对准恐龙骨骼的任意位置，就能在屏幕上看到该部位的皮肤，看到活灵活现的恐龙。

Iron HUD这款游戏让你体验到平视显示器（HUD）能看到的效果，就好像你在科幻片，比如《钢铁侠》中看到的视角。钢铁侠可是增强版的人类，而我们似乎也在走向这个目标

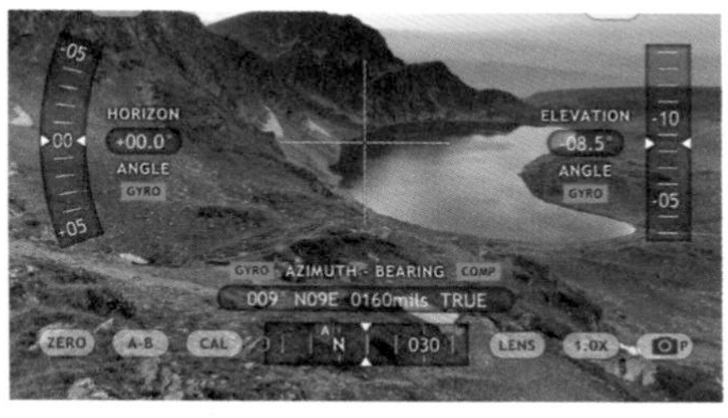

Theodolite这款应用可以很好地辨认使用者的位置和他们行走的方向，相当于GPS、指南针、地图等

在语言不通的地方旅游时，你可以带上一个有增强现实功能的手机词典，比如Google Translation。只要用摄像头对准想要翻译的文字，不管是路牌还是菜单，不管是意大利语还是法语，都能在手机屏幕上显示成你的母语

SnapShop Showroom这款应用显示了增强现实技术在商业上的潜力。你可以在家里连接到宜家的产品，从里面选择任意一款产品，然后放到家里的实景中，看看是否真的合意

通过眼镜看到实际的景物

眼镜上的定位系统对该地的地理位置进行定位

移动网络将该地的资料送到眼镜并在眼镜上显示出来

增强现实就是补充现实

通过上面的例子可以看出，增强现实就是在真实场景上添加一些跟该场景相关的影像和信息。你首先获得真实世界的信息数据，再由计算机推算、搜索或模拟出与之对应的虚拟的添加物，并叠加到真实场景中去。

手机之所以可以担当互动的工具，是因为它里面有很多感知现实世界的“器官”，比如定位系统、指南针、重力计、麦克风、处理器，还有最重要的摄像头。现实场景的影像由手机的摄像头实时拍摄，而那些添加物，比如天上的星图、建筑介绍或者沙发图片等，其来源往往是本机已经存储的内容，或者是通过互联网搜索到的信息，又或者是通过程序将直接获得的信息进行处理（比如翻译）并输出的结果。

手持设备虽然很普及，但需要用手拿着或举着，而且通过摄像头看到的和眼睛看到的东西并不一样，你眼睛看到的是三维的世界，而通过显示屏看到的是一个二维的实时影像和虚拟信息混合的视频。那么，如果抛开由摄像机拍摄的实时影像，直接将信息添加到肉眼看到的影像上，会怎么样呢？

这就需要可穿戴的增强现实设备，比如头盔、眼镜、虚拟视网膜显示器等，它们都有一个共同点，就是镜片既是透明的，又可以当显示屏。我们透过它们可以直接看到真实环境，同时，它们还能把虚拟的内容显示出来，叠加到肉眼透过设备看到的现实场景中。

AR设备的整合

谷歌眼镜是综合了上述原理的一种增强现实设备。它用的是透明镜片，其中一个镜片上装配有投影设备和一个棱镜状的透明显示屏，计算机处理过的虚拟信息投影到显示屏上，再由这个显示屏反射到人眼的视网膜上。在你看来，就像是在现实世界叠加了一层半透明的虚拟信息。

你可以用位于眼镜右侧的一个触控板控制菜单的滚动，还可以用基本的声音命令收发短信、拍照、激活程序。它的人脸识别技术，可以让你在遇到一个人后，立刻将这个人的公开信息搜索出来并呈现在你的眼前。此外，它加载的传感器可以捕捉一些特定的动作，比如你向后仰头到一定角度，这个动作可以作为唤醒睡眠模式的指令，还有你明显地眨下眼睛，就可以拍摄一张照片。谷歌眼镜在医疗领域也有应用。它能显示病人的电子病历。它的视频会议功能也很有用，与你连线的人可以通过前置摄像头直接看到你视野中的景象，用于帮助医生进行远程会诊。

微软的HoloLens智能眼镜更加强大，主要在于它实时生成虚拟图像的能力。它既可以生成二维的数字内容，又可以生成三维的视频。

整个增强现实系统所做的就是：传感器捕捉真实图像信息反馈给电

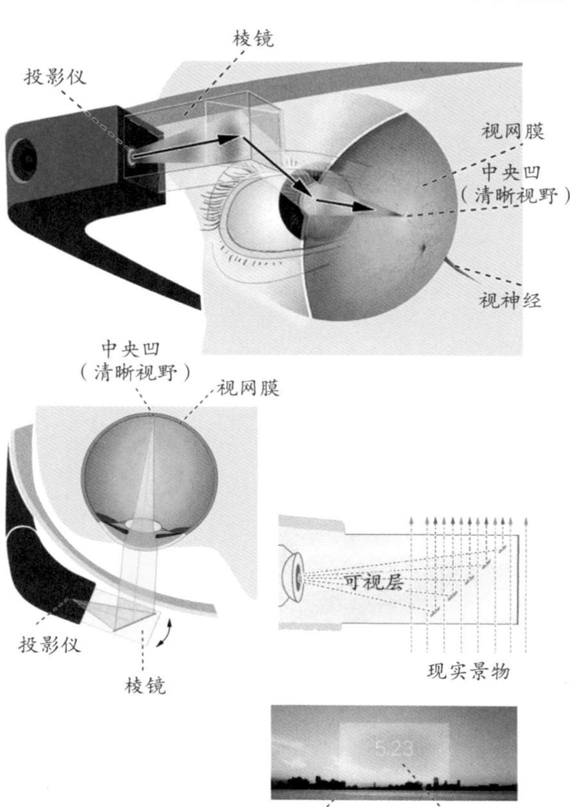

虚拟的图像能放在三维空间的任何地方，这对设计师很有帮助

微软和美国国家航空航天局联合开发了一个应用，科学家借此可以直接获得探测器的视角，看到火星的虚拟全息影像

脑，电脑对信息进行处理，形成人们需要的虚拟信息，再投射到真实环境中，人可以与投射出的虚拟信息互动，做出手势，再由传感器捕捉并反馈。

当人进入增强现实

美国麻省理工学院的媒体实验室早在1994年就做了一个“第六感”系统，“第六感”的意思是这些可穿戴计算设备和数字信息可以为人类提供超过传统的五种感觉以外的感受。“第六感”系统的硬件简单又直观，同时也是增强现实的可穿戴设备的基本构成。它包括摄像头、小投影设备、智能手机，还有镜子。摄像头和小投影设备都与放在用户口袋中的智能设备连接，用户可以带着这些到处走。它的工作原理除跟常规的AR一样（摄像头获取环境信息，手机再根据这些信息调用增强信息）外，更奇妙的地方是，

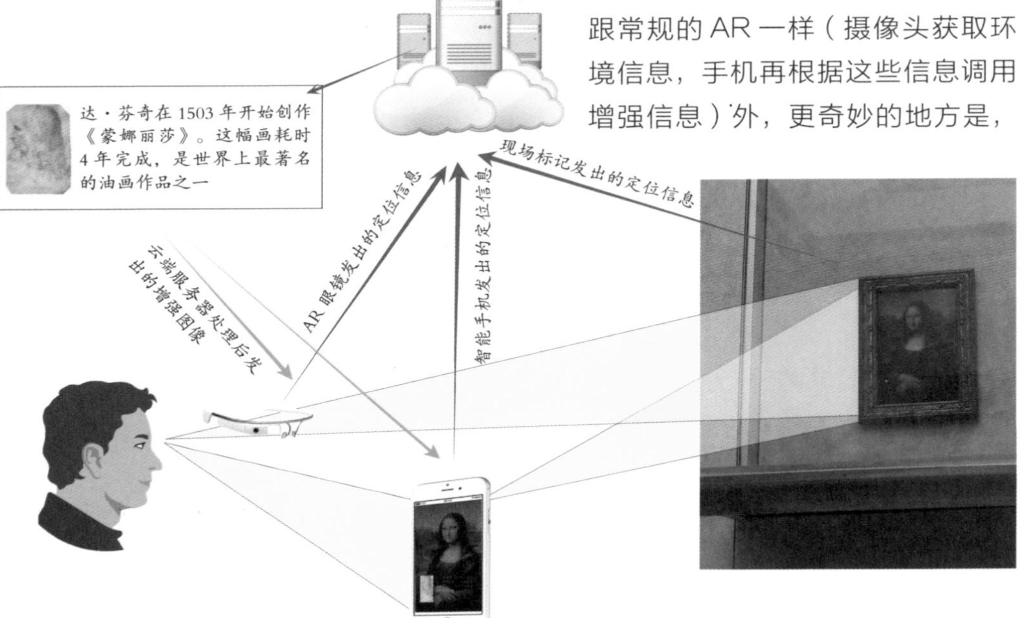

这是普拉纳夫·米斯特里（Pranav Mistry）在 2012 年展示的基于“第六感”系统的设备 WUW。传感器装在 4 个指头上，利用这 4 个传感器组成的四边形，可以用手势自动为照相机取景

用户可以用手势、肢体动作来操控这些投影出来的图像。比如，你在手腕上画一个圈，系统就会投影出一个显示现在时间的手表。在“第六感”系统里，这是由 4 种不同颜色的指套实现的，它们对应 4 种不同的光标，你可以使投射在墙上的图放大、缩小、分类等。据开发者说，不同颜色的指甲油也可以起到同样的作用。

另外，你还可以选择安装一个麦克风。比如，你选择一张纸作为互动界面，将麦克风夹在纸上，它可以捕捉到你接触纸张时发出的声音，然后传回给处理设备，再结合之前跟踪你的手指获得的信息，系统就可以精确辨别出你触碰的是纸张的哪个位置。

“增强”如何对准“现实”？

增强现实需要一套设备来完成增强信息和现实场景的对接。在这里，设备需要弄明白两个问题：一个是你的位置在哪里，另一个是你在看什么。解决的方法就是利用各种能够探测外

用手势在书里“捏”一段文字

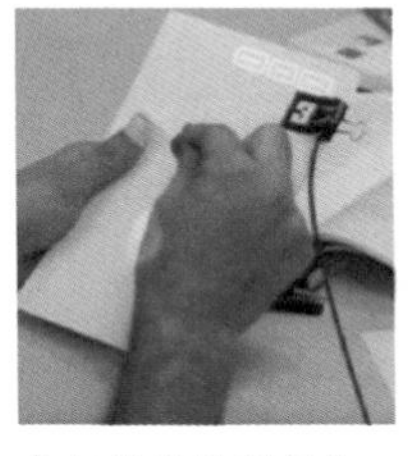

象征性地放到纸上

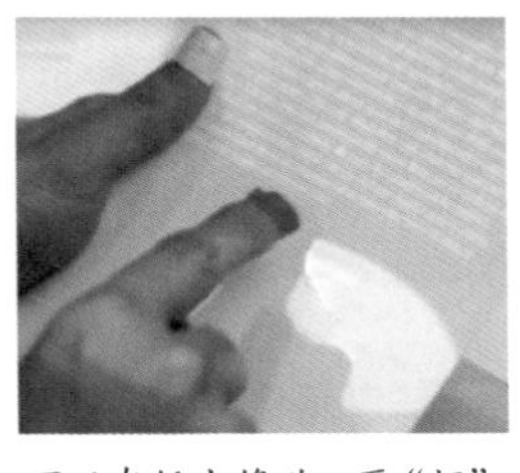

可以在纸上修改，再“捏”来一个图表

然后就可以将这一页打印出来

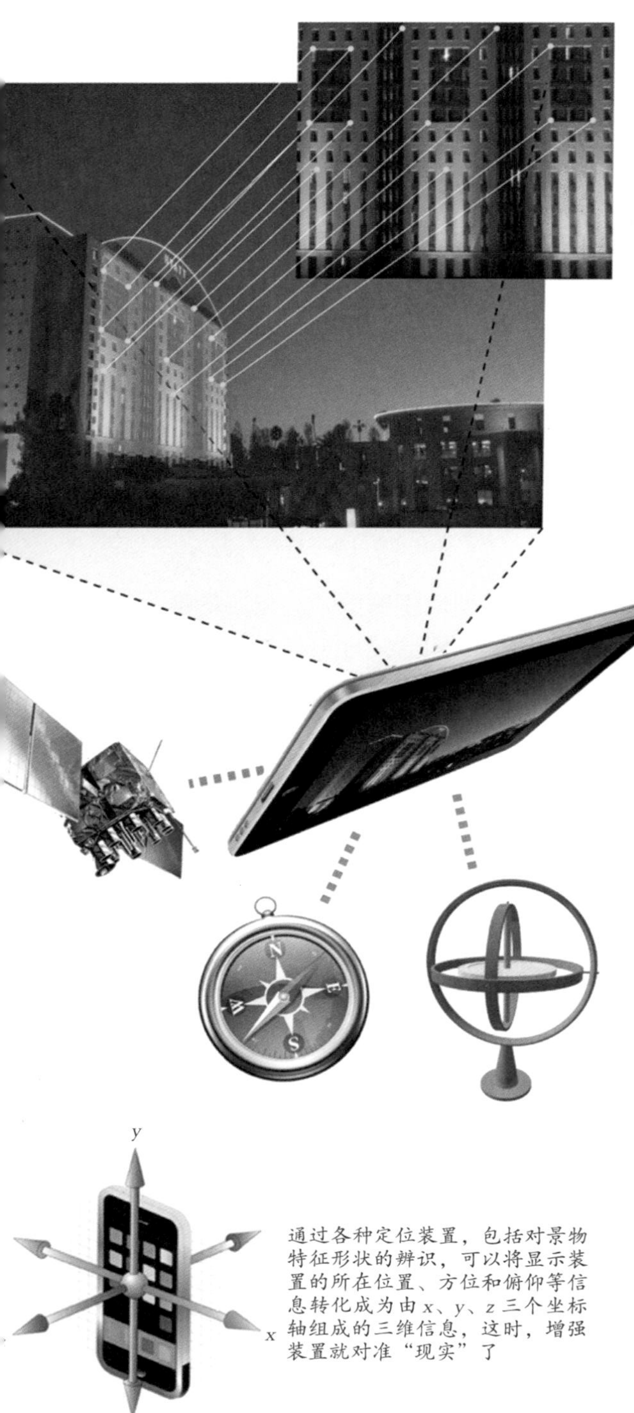

通过各种定位装置，包括对景物特征形状的辨识，可以将显示装置的所在位置、方位和俯仰等信息转化成为由 x、y、z 三个坐标轴组成的三维信息，这时，增强装置就对准“现实”了

界信息的传感器。其中，摄像头是主要的工具，增强现实通过摄像头获取外界环境信息。

理论上，摄像装置会捕捉周围真实环境进行场景采集并处理，转化为数据。在人类眼中，复杂无序的真实环境经过计算机转化，就成为由 x、y、z 三个坐标轴组成的三维网格空间，而环境中的物品，比如桌椅、餐具等都将被转化成复杂的几何体信息并被记录下来。当计算机“读懂”了我们的真实环境，就可以把虚拟信息叠加到相应的坐标位置上，让我们看到虚拟信息与真实环境同时呈现。比如一杯虚拟的咖啡稳稳地放置在真实的桌子上，而不是悬浮在空中或者倒置。

此外，随着我们的头部位置和角度发生变化，我们眼中的真实环境也会发生变化，这个时候，场景采集会实时校准，虚拟物体的位置和角度也会随之变化。当我们坐下来平视桌面时，看到的也许是咖啡杯身上的花纹，而当我们站起来俯视桌面时，就能看到咖啡表面的泡沫。（在这里，你也许已经意识到，这个增强现实已经用到虚拟现实的 3D 元素了。）

判断摄像头与环境的位置关系是视觉追踪中的重要一步。有一种比较便捷的视觉追踪方法，就是添加或利用标记识别。这些标记包括二维码、图像等。比如，在 AR Basketball

应用中，并不是随便一个物体都可以用来投篮，你需要找一个杯子一样的物体，不过不用在意杯子的形状，它的秘密是杯子前面的二维码，这就是标记——能让应用程序识别并解码，计算出实际位置，最终在屏幕上生出一个虚拟的篮筐。

此外，如果摄像头可以探测红外波段的光，一些红外标记也可以被使用。

另外一种视觉追踪方法，就是通过系统对环境整体信息进行捕捉。系统可以捕捉环境图像中的光学特征，通过对比图像的变化，掌握环境情况，再跟系统中原来存储的环境模型进行匹配，确定摄像头所摄场景的确凿信息。

总体而言，基于特征的环境追踪是增强现实的总体研发趋势，不过基于特征的视觉识别具有不确定性，最重要的问题是，仅凭摄像头的视觉观察，无法从物体图像推测出物体的正确位置。因此，很多系统都是两种方法同时使用。此外就是利用更多种类的传感器。比如，我们戴上增强现实眼镜或头盔后不可能一动不动，如果我们的头部转动了，或者干脆从房间的一头走到另一头，头盔里具备定位和陀螺仪功能的装置就会发挥作用，它不仅能够精准定位我们在真实环境中的位置，还能捕捉到头部角度的细微变化。

“增强”如何对接“现实”?

当我们确定物体的位置关系和尺寸后，就需要考虑接下来的问题——你想让一杯虚拟的咖啡在真实环境中呈现出什么样貌? 你可以制作二维图像，也可以用 3DMAX、MAYA 等专业软件做出非常精密的三维模型，呈现不同的颜色和材质，还可以模拟出与真实环境一致的光源。不论是窗外的自然光线还是房顶吊灯发出的光，都会在虚拟物品上产生不同的投影效果，影响它在我们眼中的真实程

VR 和 AR，谁将主宰未来?

增强现实（AR）是将虚拟的图像加在我们看到的真实世界之上；而虚拟现实（VR）是让我们沉浸在一个 360° 的虚拟世界里，没有真实世界的叠加，你的感官几乎和现实世界脱轨。有人把虚拟现实包括在增强现实的范畴内，认为虚拟现实是增强现实的一部分，比如微软的 HoloLens，你遮上镜片，看到的就是虚拟现实。

总体来讲，两者的应用场景是不一样的。最近几年，游戏市场是虚拟现实装备销售的主要市场，而增强现实技术将会被越来越多的汽车公司采用。未来，这两种技术的应用场景都具有很多可能。随着对增强现实需求的拓展，增强现实里将有更多虚拟现实的表现元素，来全方位对接我们的生活、娱乐、学习、工作等。

增强现实眼镜中看到的虚拟景象

度。你的要求越高，获得的虚拟图像就越逼真。

人可以感知三维世界，是因为人的大脑可以混合多种信息。首先，人类具有立体视觉。1838 年，英国科学家发现，人的左眼和右眼在看同一个物体时，视距有细微的不同，大脑通过对两个有差别的视觉信号进行处理，得到物体景深，在脑海里产生立体图像。这也是现在的 3D 电影的基本原理。

此外，人类还拥有运动视差。头部和躯干的微妙运动可以让人在看距离较远的物体时获得更多的深度线索。

像 Oculus Rift 这样的头戴虚拟现实设备就可以准确模拟立体视觉和运动视差这两个线索。但是，在增强现实眼镜中，视觉问题要复杂一些。因为眼睛需要混合来自真实物体和虚拟物体的光线。真实物体具有不同的景深，而虚拟物体实际上就是两张模拟视差的平面图像产生的立体图像，景深都是固定的。这会造成虚拟物体无法持续成为真实场景的一部分，也会导致佩戴者恶心、呕吐等。

目前，研究人员正在研究一种叫

未来，出现在人们的视线中的可能是他们和它们

作"光场显示"的技术。它可以通过很小的凸透镜组成的阵列来反射具有不同景深的光线。它需要将一个二维的屏幕做成三维的光场，原来二维显示屏的像素要转化为"景深像素"就必须以降低分辨率为代价，光场技术的突破也正是解决这个矛盾的过程。

这些三维图像都是依靠可穿戴设备来实现的。有没有一种我们既不需要佩戴头盔，也不需要显示屏，通过肉眼就能直接看到的增强现实呢？有。全息影像可以通过各种高新技术，制作一种物理上的纯三维影像，观看者可以从不同角度不受限制地观察，甚至进入影像内部，触摸影像。

与此同时，随着透明显示屏的普及，虚拟信息和现实环境将会有更丰富的互动。

不过，就像网络时代带来的垃圾信息泛滥、个人信息泄露等问题，增强现实会不会给人们带来新的烦恼呢？比如擦肩而过的陌生人通过面部识别就能获取你的年龄、体重、家庭成员等隐私信息；海量的广告信息扑面而来，你把胳膊挥酸了都没法把它们全部关掉。再比如你开始越来越厌倦在家里观看世界风光，而想回到真真正正的大自然中。这些我们还无从知晓。

交互式全息图像将应用于工作场所，有助于提供生动准确的视觉感知和自然的交互体验

未来的解剖课上，生物老师可能会使用心脏的全息图给学生展示并讲解

穿越时光的旅行

这是时代广场中心的一栋空建筑，用于展示广告，2012 年的文件显示，这栋建筑的广告牌每年产生超过 2300 万美元的收入。手机对准时代广场一扫，就能再现一百多年前的景象。

近年，一些被人们遗忘的古址废墟借助AR和VR技术获得“新生”，人们通过虚拟景象参观这些古址，就好像是在进行一次穿越时光的旅行。

通过未来派窗口看到过去的世界

当我们参观一个古建筑遗址的时候，可以使用一个小巧的平板电脑看到古建筑旧时风貌。平板电脑所做的就是将眼前的废墟和它在几百年前的景象重叠，然后呈现出后者。当然，古建筑几百年前的风貌来自早已处理好的图像。但是，是什么样的处理能让合成图像和显示器实时反馈的图像完美重叠？这就涉及增强现实技术和嵌入现实技术（Embedded Reality）。

嵌入现实技术是从真实的全景照片开始，将不同时期的合成全景照片逐步与前者重叠。这样，使用者就可以看到该景观随着时间进展发生的变化。这就好像在一个透明的球体里观看外界景观的变化。

增强现实所做的是借助平板电脑和专用的3D跟踪系统，将合成的景致与真实的景致完美叠合，甚至互动。

数码技术帮助拯救文化遗产

中世纪的法国旧居，900多年前的韦兹莱教堂，它们是怎么在新技术的帮助下“翻新”的呢？

现在我们来看看具体操作实现的过程。

首先，你要获取真实景观的数字化信息，建立强大的3D数据库。然后，电脑图形处理技术人员可以以此为据制作合成图像。目前针对建筑物的数字化信息摄取技术主要有两种：摄影测量法和激光扫描法。

摄影测量法是将现实景观通过

当你借助平板电脑观看法国佩皮尼昂市的一所中世纪居所时，可以看到它不同时期的景观（上图是现在的样子，下图是合成照片）

3D 数据的形式存储，其实是立体照片技术的延伸。考古学家或古建筑专家会从不同的角度拍摄同一景观（或建筑），获取尽可能多的古建筑数据信息，然后分析合成景观的几何造型，重现真实景观的立体效果。现在的数码摄影取代了传统的胶片摄影，可以为我们直接存储大量精确的数据信息。

和摄影测量法相比，近年出现的激光扫描法功能更加强大，它的优点是速度快、角度数据精确。激光扫描法利用激光扫描仪发射非常细的激光束扫描。目前的激光扫描可达到每秒扫描几万甚至几十万个点，计算机可以实时将这些点的信息转化成 3D 坐标数据（x，y，z）。具体来讲，激光扫描就好比将一束光从一个起点扫向另一端的事物，激光束指向的方向体现为 θ 和 ϕ 两个坐标数据，扫描仪通过计算激光往返时间得出精确的距离 r（这就好像你如果在山谷中间大声喊叫，可以通过回声的长短估计

技术人员在巴黎歌剧院内进行激光扫描操作

距离远近），计算机通过对 θ、ϕ 和 r 这三个数据的分析，就可以精确地识别出一个建筑物（或者一个物体）的每一个点在空间的位置，然后将位置转化成 3D 坐标数据存储起来。今天的激光扫描技术的覆盖范围可以达到 30 厘米至 270 米，精确度达到毫米。

FARO 三维激光扫描仪只需数分钟即可产生复杂环境和几何结构的详细三维图像。扫描仪配有触摸操作屏，用于控制扫描功能和参数。最终的图像是由具有数百万彩色点的点云组成，可用来对现有环境进行数字化再现

这两种技术的目的都是要把实际的空间信息转化为 3D 数据信息，激光扫描法更以精确著称。目前人们使用的设备基本原理都是一样的，但在将 3D 数据信息返还成图片的过程中，每个处理软件的开发商都有自己的算法（algorithm），这可是各个开发商重要的技术机密。

无论采用上面提到的哪种技术，结果都是获取大量的点信息，这个众多的点构成的“云块”就好像是大量的“虚拟原子”，每个“虚拟原子”都有相对应的“密度”信息，可以被重新合成，忠实还原真实景观的原貌。

不过，这两种技术只能获取建筑物（或物体）的几何数据，要想重建真实景观，还需要补充（物体的）表

面质地信息，也就是颜色和对光线的反射度等。

计算机通过比较扫描获得的数据和扫描时的光线条件（强度和来源点），可以计算出一个建筑物（或物体）的每个点对光线的反射度。当这个数据被纳入到合成图像的文件后，我们就不仅可以看到随位置变化而变化的古建筑的不同角度，而且还可以看到不同时间（早上、中午或傍晚）、不同天气（晴天或阴天等）的古建筑表面不同的光亮度，这让你看到的合成图像非常真实。

一旦扫描和数据采集结束，3D图形设计师就可以从中提取3D网格，进行虚拟重建，最后再由专家组来验证整体虚拟结果。

同样的技术还可以用来观看或欣赏艺术品。比如，你可以带上专用的头盔观看一个雕塑品的合成3D图像，如果你想要仔细看看雕塑底部的细节，只需要通过鼠标改变观看的视角即可；你在通过合成的立体图像欣赏一个大教堂建筑的时候，也可以通过改变视角从上向下俯瞰建筑，就好像是乘坐着一架“虚拟的无人机”从建筑物上空飞过；你还可以“穿墙跃壁”，观看难以实地进入的建筑物的各个角落。

计算机的性能（存储量、运算速度等）改善为AR的应用提供了无限的可能，我们甚至可以设想在未来的某一天也许会出现“4D”的概念，除了三维空间，还可以合成存储一个运动变化的场景，让我们可以作为观众“出席”几百年前拿破仑在巴黎圣母院内的登基典礼。

穿越之旅

对于AR使用者而言，要先用平板电脑的镜头对准所观看的景观。无标记AR技术能够对建筑物轮廓和结构，还有周围环境的自然特征进行智能识别，并且结合GPS的信号，判断观看者面向的是什么建筑物，以及位于建筑物的哪个精确位置。有了这些信息后，就可以生成二维或三维坐标。这时，调取云间服务器中对应的“增强”景观，就可以与真实场景准确地融合。

虚拟3D景观加上不同时代的信息，最终的结果是我们可以看到

图中显示的是巴黎荣军院内拿破仑墓的这个位置在路易十四时代的样子

一个历史遗迹在不同时代的演变。

还需要提及的是激光扫描术所获取的数据信息的用途并不局限在VR技术应用领域，这些数据对古建筑保护和修复专家来说也有重要意义，同样的技术还可以用于考古领域，比如对原始洞穴的3D虚拟复制可以让世界各地的考古专家和古迹爱好者大饱眼福。

沉浸在虚拟现实之中

AR技术让我们可以看到实际观察难以看到的细节，而VR技术则令我们沉浸到虚拟境界之中。

通过VR技术恢复的查理五世在万塞讷城堡内的房间，参观者戴上头盔后就可以回到另一个时代

巴黎圣母院内部旧貌

比如，通过VR技术虚拟的巴黎圣母院，从初建到一次次扩建，让我们可以通过虚拟现实看到圣母院不同时代的风貌。

佩戴上专用眼镜后，VR技术还可以让我们感觉走在一座已经消失的古桥上，随着我们头部的转动看到两侧在某个时代的风光。

AR技术应用需要有拍摄或扫描的真实图景为起点，而VR技术应用则是在纯粹的虚拟空间让人流连忘返。VR技术从设计到应用都与AR有所不同，它更接近电子视频游戏。另外，对设备的要求也不同。AR应用只要在使用地点带上智能手机或平板电脑就行了，而VR应用则需要使用连接强大的计算机的专用眼镜。

在虚拟时空旅行的前景

无论AR还是VR都属于“穿越”时空的视觉体验，近些年来相关技术发展很快，全息眼镜的出现更对基于3D追踪的AR应用起到推动作用。我们可以设想：也许在不久的将来，触屏平板电脑会被全息眼镜替代。因为全息眼镜不仅比平板电脑更便携，而且智能化程度更高，能够让我们更真实地感受到另一个时代的风貌。

戴 AR 眼镜的推销员

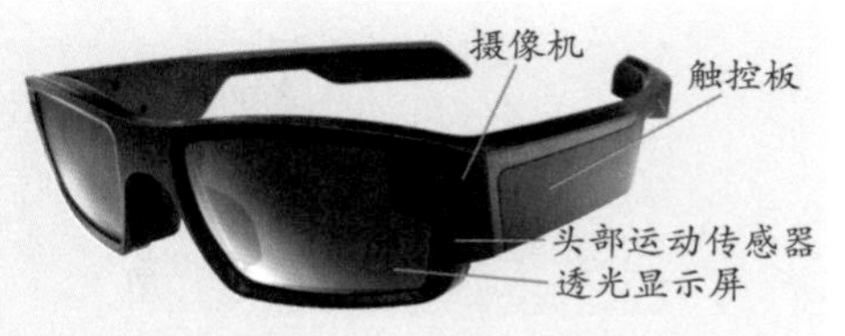

Vuzix Blade 3000 智能眼镜

保险推销员亚力克斯每天要和很多客人打交道。他试用了 Vuzix 公司新推出的 Blade 3000 智能眼镜。这款透视型 AR 眼镜可以让他在看到周围真实的景象的同时，还能看到数字信息。

眼镜可以通过蓝牙或无线局域网同他的智能手机相连，这样，他可以通过语音指令随时拨打和接通电话，与总公司保持联系，在楼宇间穿梭时还可以进行视频电话会议。来自智能手机的画面可以通过镜架上的光学引擎和投影设备投射到镜片上，同时，它自带的微处理器还可以识别语音命令，中转语音信息。

亚力克斯收到客户的办公地址，通过镜架上的手势触控板调出，头部追踪仪根据他头部所处角度，将导航信息实时显示在他眼前实际看到的街道的影像上，告诉他向右转、直行等。亚力克斯很快找到了客户位置，开始和客户面对面地交谈。这时，眼镜的右下方不断出现客户的资料，他利用这些资料，轻松自然地开展话题，似乎不经意的一句话，往往能在关键点上打动客人。

这一单生意很快达成，他和客户的视频对话也通过眼镜的摄像头录入，传递给公司。这时的亚力克斯来到健身房。跑步变得很轻松愉快，他很容易从眼镜上观察到心跳数、卡路里燃烧值，还可以随时接入通话、观看视频等。

从健身房出来的亚力克斯想买一些运动装备。他路过一家商店，眼镜识别出促销信息，从眼镜看到的商店大门上出现了打折 50% 的信息，亚力克斯推门进入，不用导购，他很快挑选到想买的且价格合适的产品。

“我只需抬头，就能获取我想要的信息。”亚力克斯说。

Vuzix 公司新推出的 Blade 3000 智能眼镜
本页图片来源：Vuzix